QU'EST-CE QUE LE CRÉATIONNISME ?

CHEMINS PHILOSOPHIQUES

Collection dirigée par Roger POUIVET

Paul CLAVIER

QU'EST-CE QUE LE CRÉATIONNISME ?

Paris
LIBRAIRIE PHILOSOPHIQUE J. VRIN
6, place de la Sorbonne, V^e
2012

William A. Dembski, « The Logical Underpinnings of Intelligent Design », *in* William A. Dembski, Michael Ruse (eds), *Debating Design, From Darwin to DNA*,
© Cambridge University Press 2004, translated with permission.

© *Librairie Philosophique J. VRIN*, 2012

Imprimé en France

ISSN 1762-7184

ISBN 978-2-7116-2417-1

www.vrin.fr

QU'EST-CE QUE LE CRÉATIONNISME ?

Un spectre hante l'Europe … le spectre du créationnisme. Périodiquement, les débats font rage autour de ce terme qui bénéficie d'un flou certain. Le spectre est en effet très large, puisque sous cette étiquette on regroupe aussi bien des revendications religieuses à caractère fondamentaliste, des lobbies juridico-politiques, ou des prétentions à réfuter « scientifiquement » la théorie de l'évolution … Aux États-Unis notamment, des lobbies tentent de modifier la définition même de ce qu'est une science, pour introduire dans les programmes scolaires de biologie une vision religieuse[1]. Une atmosphère de chasse aux sorcières règne autour de ces questions. Qui veut tuer son chien l'accuse de la rage. Qui veut discréditer un biologiste ou un astrophysicien l'accuse de créationnisme. Aussi ce label est-il en perte de vitesse, et d'autres étiquettes sont revendiquées : la « Complexité irréductible », l'« Intelligent Design »[2].

---

1. Le lecteur peut se faire une idée des ambitions du *Center for Science and Culture* de Seattle en consultant sur http://www.antievolution.org/features/wedge.pdf, le « Wedge document », qui prône l'éradication du « matérialisme scientifique », en enfonçant le coin (wedge) de l'*Intelligent Design* à sa base.
2. K. Padian, N. Matzke, « Darwin, Dover, the Intelligent Design and Textbooks », *Biochemical Journal* (2009) 417, p. 29-42 (Printed in Great Britain). Une étude révèle que seule 40% de la population américaine (contre 80% au Japon ou en France) estime vraie la théorie de l'évolution (J. D. Miller,

Qu'importe le flacon pourvu qu'on ait l'ivresse! Ce néo-créationnisme est cependant vite démasqué : on peut montrer comment, de 1983 à 1993, au fil des ébauches, des éditions et rééditions des manuels de biologie anti-évolutionnistes (dont le célèbre *Of Pandas and People; The central question of Biological Origins* de P. Davis et D. H. Kenyon), la terminologie de l'*Intelligent Design* se substitue à celle de la Création.

De l'autre bord, les sympathisants du créationnisme dénoncent allègrement l'idéologie athée, le scientisme, voire l'imposture scientifique de leurs adversaires. Comme le remarque Dominique Lecourt, « Le dogmatisme scientiste de certains biologistes américains se réclamant de Darwin ou du darwinisme sert incontestablement d'alibi aux campagnes fondamentalistes »[1]. Comment y voir clair, dans un débat très instrumentalisé et, il faut le dire, largement tributaire de l'histoire politique des États-Unis? Ainsi, lors d'un débat de 1961 sur l'abrogation du Butler Act[2], on déclara : «Tout individu ou tout groupe qui contribue d'une façon ou d'une autre à détruire la foi dans l'enseignement de la Bible coopère avec le communisme »[3].

Quelques jalons d'histoire juridique de la question

L'existence du créationnisme comme lobby politico-religieux a une histoire qu'il serait prétentieux de prétendre

---

E. C. Scott, S. Okamoto, (2006) « Public acceptance of evolution », *Science*, 313, p. 765-766).

1. D. Lecourt : « Le spectre d'une théocratie », *Le Nouvel Observateur hors-série*, décembre 2005-janvier 2006, p. 59.

2. *Cf.* M. Girel, « La science en procès … » dans *Le débat public autour des sciences*, Arles, Actes sud-IHEST, 2012, p. 143-165.

3. W. Dykeman, J. Stokely, « Scopes and Evolution – The Jury is Still Out », New York Times Magazine, March 12, 1971, p. 72.

démêler ici. Posons-en simplement quelques jalons. Le *Butler act* promulgué le 21 mars 1925 (et abrogé seulement en 1967) stipulait :

> il est illégal pour tout enseignant de toute université, école normale et toutes les autres écoles publiques de l'État [...], d'enseigner toute théorie qui nie l'Histoire de la Création Divine de l'homme telle qu'elle est enseignée dans la Bible, et d'enseigner à la place que l'homme est descendu d'un ordre inférieur des animaux [1].

C'est cette loi dont Thomas Scopes, professeur de biologie en lycée, va revendiquer la violation (avec l'appui de l'ACLU, *American Civil Liberties Union*, qui s'était offerte à défendre quiconque serait accusé d'enseigner la théorie de l'évolution). Ce sera le fameux « procès du singe » (qui se déroule à Dayton, du 10 au 21 juillet 1925), premier procès à bénéficier d'une radiodiffusion nationale... (The State of Tennessee v. John Thomas Scopes). Trois ans plus tard, l'État d'Arkansas promulgue un texte (soumis à référendum) qui met hors la loi « l'enseignement de toute théorie ou doctrine selon laquelle le genre humain descend d'un ordre d'animaux inférieurs à lui » [2]. En 1965, l'Arkansas est (avec le Tennessee, le Mississipi et la Louisiane) un des derniers états à maintenir en vigueur une loi anti évolutionniste. A la demande d'une enseignante, Susan Epperson, et d'un parent d'élève réclamant que la théorie de l'évolution soit enseignée, cette loi sera abrogée pour inconstitutionnalité. Mais la Cour Suprême de l'Arkansas invalidera cette décision. Epperson fera appel en 1968 devant la Cour Suprême des États Unis qui confirmera l'inconstitutionnalité

---

1. *Tennessee Legislature Act*, 1925, cité dans N. Eldredge, *The Monkey Busineess, A scientist looks at creationism*, New York, 1982, p. 14.
2. *Arkansas Initiated Act 1*, 1928, *ibid.*, p. 15.

des lois anti évolutionnistes. Pourtant l'Arkansas n'a pas dit son dernier mot et vote, en 1981, une loi de « traitement équilibré » entre science de l'évolution et science de la création. Les plaignants qui attaqueront cette loi et obtiendront gain de cause en 1982 seront cette fois des personnalités religieuses (catholiques, presbytériens, baptistes, Juifs) regroupées derrière le pasteur méthodiste William McLean. Il est important de le noter : le partage créationnisme / évolutionnisme ne recoupe pas nécessairement le partage confessionnel / athée ou l'opposition croyant / agnostique.

La revendication d'un « traitement équitable »

Très influent dans certains *School Boards* américains (conseils d'établissement où siègent des parents d'élèves), le lobby créationniste entend contester le monopole de la biologie évolutionniste dans les programmes scolaires. En 1973, l'assemblée législative de l'État du Tennessee vote une loi selon laquelle :

> Tout manuel de biologie utilisé dans l'enseignement public, qui exprimera une opinion ou fera état d'une théorie sur les origines ou la création de l'homme et du monde, devra accorder [...] une égale importance (*an equal amount of emphasis*) à la conception biblique de la Genèse [1].

Ce genre de revendication a pu être exprimé au sommet de l'État fédéral. Ainsi Ronald Reagan lui-même se prononçait, en mars 1981, en faveur d'un « traitement équilibré » :

---

1. *Public Acts of Tennessee*, 1973, chap. 377, cité dans Marcel C. LaFollette, *Creationism, science and the law : The Arkansas case*, Cambridge, Mass., MIT Press, 1983, p. 80.

> L'évolutionnisme est seulement une théorie scientifique, une
> théorie que la communauté scientifique ne croit plus aussi
> infaillible qu'on ne l'a cru autrefois. En tous cas, si l'on se
> décide à l'enseigner dans les écoles, je pense qu'on devrait aussi
> enseigner le récit biblique de la création [1].

Une telle déclaration sous-entend que le récit biblique n'est
pas moins pertinent *scientifiquement* que la théorie de la sélection naturelle. En somme, le livre de la *Genèse* vaudrait autant
qu'un traité de génétique évolutionniste. George W. Bush
devait s'exprimer dans le même sens, le 1er août 2005 : « Une
partie de la mission de l'éducation est de présenter aux person-
nes les différentes écoles de pensée ». La question est évidemment de savoir : 1) si « présenter les différentes écoles de
pensée », c'est leur accorder la même valeur scientifique ; 2) si
ces « différentes écoles » sont soumises à des critères méthodo-
logiques comparables ; enfin : 3) quelle est la communauté
« scientifique » qui sert de référent.

Un pas supplémentaire est franchi lorsque, non content de
réclamer l'enseignement de la conception créationniste à côté
de la théorie de l'évolution, on propose de remplacer celle-ci
par celle-là. Le créationnisme se présente alors comme une
alternative *scientifique* à la biologie évolutionniste. Y aurait-il
une « science de la création », comme l'ont pensé dans les
années 1960 des fondamentalistes protestants, ou ne fait-elle
que singer la démarche scientifique, en exagérant les difficultés
rencontrées par la biologie évolutionniste et en pratiquant des
raccourcis ?

---

1. Cité par D. Lecourt, « Le "créationnisme scientifique" américain : une
histoire interminable ? » dans *Croyance, raison et déraison*, Colloque annuel du
Collège de France 2005, G. Fussman (dir.), Paris, Odile Jacob, 2006, note 20,
p. 257.

Une science de la création ?

En 1975, le jugement rendu dans l'affaire Daniel v. Waters statue que l'enseignement du créationnisme dans les écoles publiques viole la fameuse *Establishment Clause* du Premier amendement[1]. Pour contourner la loi, on rebaptise le créationnisme « science de la création ». Entretemps, la Chambre d'État de l'Arkansas adopte à 69 voix contre 18 une loi stipulant « qu'à l'intérieur de l'État, les écoles publiques devront dispenser un enseignement équivalent du créationnisme et de l'évolutionnisme ». Cette loi sera annulée en 1982 par la même Chambre.

En juin 1987, la Cour Suprême des États Unis a statué (par un vote de 7 contre 2) que le but des prétendues « sciences de la création » était de « redéfinir le programme scientifique de façon à le rendre conforme à un point de vue religieux particulier », et de « promouvoir le point de vue religieux selon lequel l'humanité a été créée par un être surnaturel »[2] (US Supreme Court, *Edwards v Aguilard*, 1987). Un changement de stratégie va alors s'opérer dans les rangs créationnistes. Il est désormais inutile de chercher à se cacher derrière le masque de la science : oui, le créationnisme est une religion … mais l'évolutionnisme aussi ! En 1994, un enseignant en biologie californien assigne en justice l'État en affirmant que l'enseignement de l'évolution revient à professer une « religion de l'humanisme séculier ». Les conclusions de la Cour nous paraissent pertinentes :

1. Adoptée le 15 décembre 1791, cette clause historique (c'est la première des dispositions du Premier amendement à la Constitution) stipule que « Le Congrès ne fera aucune loi revenant à institutionnaliser une religion (*no law respecting an establishment of religion*) ».

2. On peut remarquer que le juge assimile un peu vite le point de vue selon lequel l'humanité a été créée par un être surnaturel à une croyance strictement religieuse : alors que ce peut être une thèse métaphysique…

Le fait d'ajouter "isme" ne change rien à la signification de l'évolution et ne la transforme pas par magie en religion. "Evolution" et "évolutionnisme", définissent une conception biologique : les formes de vie supérieures évoluent à partir de formes inférieures. Cette conception n'a rien à voir avec la question de savoir comment l'univers a été créé ; rien à voir avec la question de savoir s'il y a ou non un dieu créateur (s'il a créé ou non l'univers et s'il a ou non prévu l'évolution comme élément de son plan divin) [1].

En 2005, le juge John E. Jones émet une opinion similaire dans l'affaire « Kitzmiller vs. Dover Area School District (Pennsylvanie) » (les plaignants réclamant une présentation d'une minute de la théorie de l'*Intelligent Design* avant un cours sur l'évolution et l'introduction du livre « Of Pandas and People » dans les bibliothèques de l'Ecole Publique) : « Aussi bien les opposants que beaucoup de principaux défenseurs de l'*ID* ont un présupposé de base complètement faux. Ils pensent que la théorie évolutionniste est l'antithèse de la croyance en l'existence d'un être suprême et de la religion en général. A maintes reprises dans ce procès, les experts scientifiques des plaignants ont attesté que la théorie évolutionniste représente une bonne pratique scientifique (*is good science*), qu'elle est très majoritairement acceptée par la communauté scientifique et qu'en aucune manière elle ne nie ou n'entre en conflit avec l'existence d'un créateur divin ». Bref, la théorie évolutionniste n'est pas intrinsèquement une métaphysique athée, et le créationnisme n'est pas une pratique scientifique recevable. Leur antithèse est une impasse dont il faut sortir.

Le créationnisme peut, il est vrai, prendre une forme moins grossière, et se présenter comme une doctrine philo-

---

1. US Circuit Court, Peloza v New Capistrano Unified School District, Decision, 4 octobre 1994.

sophique ou une conception du monde, qui laisse en paix le biologiste. Est-elle moins compromettante pour autant? Est-il vraiment possible de concilier la biologie évolutionniste avec l'affirmation d'un Dieu créateur? Suffit-il de dénoncer le créationnisme sous ses formes extrêmes pour garantir la respectabilité ou la crédibilité de ses versions plus modestes? Pour examiner ce point, il faut quitter le registre des étiquettes et des alliances stratégiques pour passer à la délimitation et à l'évaluation des contenus. Là encore un certain vague peut régner. C'est pourquoi, dans les sections suivantes, nous allons décrire et discuter :

1. Le spectre des créationnismes
2. Le partage des compétences (examen du *Non Overlapping of MAgisteria*)
3. La croisade anti-créationniste de Dawkins
4. La finalité, cheval de bataille du créationnisme

On proposera ensuite de commenter deux textes: d'abord les extraits d'un article de William Dembski, chef de file des théoriciens de l'*Intelligent Design*, dédié aux «soubassements logiques de l'argument du dessein». En suivant pas à pas la démarche de Dembski, on pourra juger sur pièces de la valeur de sa démarche, respectant pour ainsi dire la présomption d'innocence dont devrait bénéficier tout philosophe. Ensuite, on commentera une Résolution du Conseil de l'Europe portant sur les «Dangers du créationnisme dans l'éducation» (résolution 1580, adoptée le 4 octobre 2007), de façon à réfléchir sur l'aspect juridico-politique de la question. Peut-on légiférer sur la vérité scientifique?

LE SPECTRE DES CRÉATIONNISMES

Quelle position recouvre exactement le créationnisme? Un large spectre (ou, si l'on préfère la peinture à l'otique) une large palette de réponses s'offre. Eugenie C. Scott en énumère un certain nombre. Elle mentionne d'abord des positions ultra fondamentalistes, comme les partisans de la Terre-plate (*Flat Earthism*), ou du Géocentrisme qui, pourrait-on dire, « n'ont rien oublié, et rien appris ». Puis viennent le créationnisme Jeune-Terre, qui conteste la datation de la formation de notre globe terrestre (5 milliards d'années), le créationnisme Vieille-Terre, qui l'admet dans une certaine mesure seulement, les « sciences de la création » qui prétendent établir scientifiquement le fait de la création, et les théories de l'*Intelligent Design* (ci-après *ID*). Les théories de l'*ID* affirment qu'on peut, qu'on doit même, sur la base de l'évolution des formes vivantes, mettre scientifiquement en évidence l'intervention d'une Intelligence Conceptrice. Dans la classification de Scott, on parlera de *créationnisme évolutionniste*. On trouve enfin la catégorie de l'*évolutionnisme théiste*, pour lequel la thèse d'une Intelligence Conceptrice est une affirmation métaphysique, certes rigoureusement défendable, mais qui ne saurait en aucun cas interférer avec la méthodologie naturaliste des sciences biologiques[1]. Nous allons préciser et développer chacune des positions suivantes :

a) Le créationnisme Jeune-Terre (*Young-Earth creationism*).

b) Les créationnismes Vieille-Terre (*Old Earth creationism*).

c) Les « sciences de la création ».

d) Les théories du « Dessein Intelligent » (*Intelligent Design*) et de la Complexité irréductible (*Irreducible Complexity*).

e) Le créationnisme métaphysique.

---

1. Dans *Evolution vs. Creationism, An Introduction* (2ᵉ éd., Berkeley-Los Angeles-London, University of California Press, 2009, p. 64). E. Scott classe, au-delà de ce spectre, l'évolutionnisme agnostique (qui ne se prononce pas sur la validité de la métaphysique théiste) et enfin l'évolutionnisme matérialiste (résolument athéiste).

On ne peut plus se contenter de balayer d'un revers de main ces conceptions, sous prétexte qu'en les prenant au sérieux, on leur accorderait une attention à laquelle ils n'ont pas droit. On espère montrer au contraire que les erreurs de catégorie ou les extrapolations hasardeuses dont se rendent coupables les différentes écoles créationnistes sont instructives, et que les métaphysiciens de tout bord, qu'ils soient théistes ou athéistes, devraient les méditer plus souvent.

Le créationnisme Jeune-Terre (Young-Earth creationism)

Selon cette première conception, l'univers, les galaxies, le système solaire, la Terre, ou les espèces animales et humaine sont apparus – surnaturellement – il y a moins de dix mille ans, contrairement à ce que semblent établir l'astrophysique, la géologie, la paléontologie et la biologie évolutionniste. Le *Young Earth Creationism* est la forme la plus ancienne de créationnisme, puisqu'elle hérite des temps où les indications chronologiques contenues dans la Bible n'étaient pas critiquées. C'est évidemment la version du créationnisme qu'il est le plus facile de disqualifier. Encore faut-il dire pour quelles raisons. L'idée de dater l'existence de la terre voire de l'Univers sur la base de documents ou de vestiges dont on tente d'apprécier la durée et la provenance n'a rien, en soi, d'absurde. Certes, les estimations qui ont eu cours jusqu'au XIXe siècle font aujourd'hui sourire. Les développements de la paléontologie, de la géologie, de la cosmologie nous ont habitués au « temps long ». C'est la question longtemps agitée d'une chronologie universelle.

Vers la fin du IVe siècle, Saint Jérôme avait traduit et continué les *Canons Chronologiques* d'Eusèbe de Césarée. On a encore des traces du texte grec d'Eusèbe au VIIIe siècle, puis il se perd dans les sables. Joseph Justus Scaliger (1540-1609), dans son *De Emendatione temporum* (1583) tente de reconstituer la chronologie perdue d'Eusèbe. Son *Opus de doctrina temporum* (1627) connaîtra plusieurs éditons, ainsi qu'une traduction abrégée en anglais, français ou en italien qui paraîtra jusqu'en 1849 sous le titre de *Rationarium temporum* (Comptabilité des époques). Denys Petau (1583-1652) professeur de théologie au Collège de Clermont, centre de formation jésuite à Paris, entreprend de préciser les recherches de Scaliger. Le principe de cette comptabilité est simple : rechercher les indications chronologiques dans l'Ecriture Sainte, vérifier leur concordance avec les indications d'historiens païens (comme Hérodote). Dans l'estimation de Denys Petau (1627), la création du monde a lieu le dimanche 26 octobre 3984 av. J.-C., à 9 heures du soir. En 1650, l'archevêque irlandais James Ussher fait paraître à Londres une *Première partie des annales remontant au commencement du temps historique* où il avance la date de la création du monde : c'est la veille du 23 octobre 4004 av. J.-C. ! Ces estimations sont médianes par rapport à celle de la Chronique de Josef Ben Halafta (IIe siècle) qui date la création de 3751 avant l'ère chrétienne, et celle d'une Chronique plus récente (*Seder Olam Zutta*) qui fixe à 4339 av. J.-C. la naissance du monde. Dans son *Discours sur l'Histoire Universelle* (1681), Bossuet adopte la chronologie irlandaise : Caïn tue Abel en 129 (c'est-à-dire en 3875 av. J.-C.) ; le Déluge a lieu en 1656 (-2348) et Abraham part pour la Terre Promise en 2083 (-1921).

Aujourd'hui encore, les *Young Earth Creationists* se réfèrent à ce calendrier biblique. Une telle utilisation du récit biblique comme chronologie cosmologique, géologique et préhistorique scientifiquement fiable est assez consternante. Un épisode particulièrement grotesque se produit en plein XIXe siècle. La découverte de strates géologiques très anciennes compro-mettait cette lecture fondamentaliste. Qu'à cela ne tienne ! Dans un excès de zèle, le naturaliste P. Henry Gosse (1810-1888) défendra l'idée que Dieu a semé des fossiles dans le sous-sol terrestre pour confondre l'orgueil des savants ! C'est la théorie appelée Hypothèse Omphalos (= nombril en grec) : Adam est créé à l'âge adulte avec un nombril, lequel n'est qu'en apparence le vestige d'un cordon ombilical, donc d'une gestation. On dira que c'est là un excès typiquement américain. Erreur ! C'est déjà la réponse de Chateaubriand, dans son *Génie du christianisme*, balayant d'un revers de main les raisonnements qui reculent l'origine du monde : « *Dieu a dû créer, et a sans doute créé le monde avec toutes les marques de vétusté et de complément que nous lui voyons* »[1]. Il est vrai que l'auteur d'*Atala* a pu trouver l'inspiration aux sources de l'Oregon…

Ces différentes versions du créationnisme jeune-Terre n'ont pas régné sans partage jusqu'au XVIIe siècle. Une longue tradition d'exégèse se refuse à cautionner l'interprétation littérale des premiers chapitres de la *Genèse*. Augustin, dans son traité *Sur la Genèse au sens littéral* (415) et déjà avant lui Origène (en 220-230) ont contesté cette interprétation qui soulève un problème de cohérence. En effet, le récit biblique mentionne les jours avant qu'existent les mouvements du Soleil et de la Terre :

---

1. *Génie du christianisme*, (édition de 1826) Ire partie, livre IV, chap. v « Jeunesse et vieillesse de la terre » (Paris, Ledentu, 1830, t. I, p. 169-171), texte disponible, Paris, Garnier-Flammarion 1966, t. I, p. 147-148. Voir la très fondamentaliste note X p. 472 qui s'en prend à Buffon : « Il est inutile de revenir sur ce système que les premières notions de physique et de chimie ruinent de fond en comble ; et sur la formation de la terre détachée de la masse du soleil par le choc oblique d'une comète, et soumise tout à coup aux lois de gravitation des corps célestes ; le refroidissement graduel de la terre, qui suppose dans le globe la même homogénéité que dans le boulet de canon qui avait servi à l'expérience ; la formation des montagnes […] qui suppose encore la transmutation de la terre argileuse en terre siliceuse, etc. ». Chateaubriand prétend argumenter sur le plan scientifique, pour mettre à l'abri des objections la chronologie littérale tirée de la Bible.

Quel est l'homme de sens, demande Origène, qui croira jamais que, le premier, le second et le troisième Jour, le soir et le matin purent avoir lieu sans Soleil sans Lune et sans Étoile et que le jour, qui est nommé le premier, ait pu se produire lorsque le Ciel n'était pas encore ? Qui serait assez stupide pour s'imaginer que Dieu a planté, à la manière d'un agriculteur, un Jardin à Eden dans un certain pays de l'Orient, et qu'il a placé là un Arbre de vie tombant sous le sens, tel que celui qui en goûterait avec les dents du corps recevrait la Vie ? À quoi bon en dire davantage lorsque chacun, s'il n'est dénué de sens, peut facilement relever une multitude de choses semblables que l'Écriture raconte comme si elles étaient réellement arrivées et qui, à les prendre textuellement, n'ont guère eu de réalité [1].

Ce refus d'une interprétation littérale de la *Genèse* (dont on trouve de larges échos chez saint Augustin) est éloquent.

Contre le créationnisme Jeune-Terre, on peut donc retenir les griefs suivants :

1) L'interprétation littérale de la chronologie de la Création (l'œuvre des Six jours) rencontre de profondes contradictions. Il faut donc considérer le texte de la *Genèse* comme un récit à caractère mythologique, et non comme une chronologie des 144 premières heures de l'Univers.

2) Si, passant outre ces contradictions, le créationniste Jeune-Terre entend, comme Chateaubriand ou Gosse, expliquer la présence de vestiges de végétaux et d'animaux, apparemment antérieurs à la date de création de l'univers et de la terre, comme des pièges montés par le Créateur, il introduit une double vérité très embarrassante : si le créateur a truqué les archives de la Terre, il peut avoir truqué les lois de la nature, et même les textes révélés…

---

1. Origène, *Des Principes* (*Péri Archôn*), IV, 16, cité par L. Febvre, *Le problème de l'incroyance au XVIe siècle. La religion de Rabelais* (1941), Paris, Albin Michel, 1968, p. 154-155.

*Les créationnismes Vieille-Terre (*Old Earth creationism*)*

L'univers, les formes vivantes etc. sont apparus – surnaturellement –, à des dates qui ne sont pas celles du calendrier Young-Earth, mais pas toujours non plus celles de la théorie géologique et biologique. Le *Old-earth creationism* héberge plusieurs écoles, dont le *gap creationism* (la vie apparaît sans évolution, mais sur une Terre déjà âgée, et plusieurs milliards d'années séparent les deux premiers chapitres de la *Genèse) le Day-Age creationism* (chaque jour dans récit biblique de la création représente une ère géologique), ou le *Progressive creationism*[1], qui admet les mutations génétiques et la sélection naturelle, ainsi que l'apparition séquentielle des espèces animales, et donc admet la succession des espèces attestée par l'empilement des fossiles dans les strates géologiques, mais ajoute que Dieu intervient aussi pour créer séparément des espèces quand le besoin s'en fait sentir…

Le créationnisme Vieille-Terre souhaite proposer un compromis plus viable entre une conception religieuse d'origine scripturaire et les données scientifiques. Il rompt avec le scénario d'une création piégée. Mais il maintient une intervention directe du Créateur dans le cours de l'évolution de l'Univers, du système solaire, et de l'apparition des différentes formes de vie, notamment la vie humaine. Ce qui pose un problème : comment mettre en évidence une prétendue

---

1. Défendu par Bernard Ramm sous l'étiquette de « concordisme modéré » : « en gros, la géologie et la Genèse racontent la même histoire : tous deux s'accordent sur l'apparition tardive des grands animaux et de l'homme. L'élément temporel n'est pas établi dans le récit de la Genèse, c'est la géologie qui doit nous l'apprendre. […] De temps à autres intervenaient de grands actes créateurs, *de novo.* » (*The Christian View of Science and Scripture*, Grand Rapids, MI, Eerdmans, 1954, p. 226-227).

intervention surnaturelle, par l'observation de processus naturels ou dans le cadre de théories qui ne font intervenir que des entités et des lois physiques, chimiques, biologiques ?

Les « sciences de la création »

Certains créationnistes revendiquent une « science de la création » et prétendent se placer sur le terrain de la connaissance scientifique. L'ingénieur hydraulicien Henry M. Morris lance dans les années 1960 à San Diego la *Creation Research Society*, et, dans les années 70, *l'Institute for Creation Research* (de nombreux instituts comme le *Discovery Institute* de Seattle prospèrent dans cette lignée). Avec un spécialiste de la Bible, John C. Whitcomb Jr., il publie en 1961 *The Genesis Flood* (Le Déluge de la Genèse) qui mobilise des données hydrauliques et géologiques pour valider l'hypothèse d'un Déluge universel, pour expliquer l'apparition de certains fossiles, et considère qu'en dépit d'apparences trompeuses, la terre a dû être créée il y a environ 10 000 ans, que les dinosaures ont été contemporains des hommes. L'ouvrage connaît un réel succès (29 tirages et plus de 200 000 exemplaires en vingt ans). C'est le retour à une interprétation littérale de la Création en six jours : Dieu crée végétaux, animaux et humains à l'âge adulte (*full-grown*). Whitcomb publie en 1972 *The Early Earth*, en 1973 *The world that perished* et co-signe en 1978 *The Moon : Its Creation, Form and Significance*. On constate que la mobilisation (plus ou moins rigoureuse) de données scientifiques ne va pas forcément de pair avec une mise à distance de l'interprétation littérale de la *Genèse*. La *Flood Geology* et la *Creation Science* réintroduisent une création en 6 jours de la vie et de l'homme il y a 6 000 ou 10 000 ans, et un Déluge responsable de la formation des fossiles, il y a 5 000 ans, alors que le *Gap Creationism* admettait une création de la matière et de la vie très anciennes, ponctuée de nombreuses créations séparées d'espèces et de cataclysmes donnant lieu à la fossilisation des espèces disparues, pour arriver en 4004 av. J.-C., à la création de l'homme en 6 jours (c'est la théorie appelée *Ruin and Restoration*).

Morris publie en 1974 un manuel des professeurs de lycée intitulé *Scientific Creationism*. Le propos n'est plus tant de s'opposer à l'évolutionnisme au nom de la Bible, et d'apporter à l'interprétation littérale de la Genèse le soutien de recherches hydrogéologiques, que de comparer le « modèle scientifique de la création » au « modèle scientifique de l'évolution ». L'ambition est de montrer que l'affirmation d'une création du monde est un énoncé à valeur scientifique supérieure à l'explication évolutionniste de l'apparition de la vie. Morris défend l'idée que le créationnisme peut être enseigné « sans référence au livre de la *Genèse*, ni à d'autres écrits ou doctrines religieuses », bref qu'il s'impose et se soutient de lui-même, par sa seule autorité « scientifique ».

Comment résumer les revendications de la *Creation Science* ? La loi 590 de l'Arkansas, promulguée en 1981, et qui prévoyait un « traitement équilibré » entre science évolutionniste et « science de la création » définit cette dernière en six propositions :

1) Création instantanée (*sudden*) de l'univers, de l'énergie et de la vie à partir de rien ; 2) Insuffisance des mutations et de la sélection naturelle pour produire le développement de toutes les espèces vivantes à partir d'un seul organisme ; 3) Changements intervenant seulement à l'intérieur de limites fixées, pour des espèces de plantes et d'animaux créés originellement ; 4) Filiation séparée (*separate ancestry*) de l'homme et du singe ; 5) Explication de la géologie terrestre par les catastrophes,

comprenant notamment un déluge universel; 6) Apparition relativement récente de la Terre et des espèces vivantes [1].

Le juge William R Overton énonçait en janvier 1982, dans le cadre de l'affaire *McLean v. Arkansas*, cinq « caractéristiques essentielles » d'une science, en fonction desquels il pouvait refuser à la « science de la création » le titre de science :

1) Une science travaille dans la perspective de lois de la nature (*It is guided by natural law*); 2) Elle assume une fonction d'explication en références à des lois de la nature. (*It has to be explanatory by reference to natural law*); 3) Elle peut être soumise à des tests empiriques (*It is testable against the empirical world*); 4) Ses conclusions sont provisoires (*tentative*) : elle n'a pas nécessairement le dernier mot; 5) Elle est falsifiable [*i.e.* : on peut concevoir une situation qui rendrait faux tout ou partie de ses énoncés].

De longues controverses s'ensuivent : est-ce que la théorie darwinienne passe le test? Ne faut-il pas élargir la définition d'une science? Selon Michael Ruse [2] la stratégie argumentative des créationnistes consiste :

1) À relativiser la théorie évolutionniste, qui serait une conjecture fragile (comme une théorie sur l'assassinat de JFK) plutôt qu'une théorie corroborée par les données observationnelles (comme la théorie de la Relativité Générale)

---

1. Ronald L. Numbers, *The Creationists, From Scientific Creationism to Intelligent Design*, Expanded Edition, Cambridge, Mass.-London, Harvard University Press, 2006, p. 7 et p. 272. Le juge Overton, dans le procès McLean v. Arkansas (1981) estimera que cette loi de « traitement équilibré » viole la « clause d'establishment ». Le jour même où il déclarait inconstitutionnelle la loi 590, l'État du Mississipi adoptait une loi similaire par un vote de 48 contre 4!

2. Article « Creationism », Ruse, Michael, « Creationism », *The Stanford Encyclopedia of Philosophy (Fall 2008 Edition)*, Edward N. Zalta (éd.), http://plato.stanford.edu/archives/fall2008/entries/creationism/.

2) À présenter la sélection naturelle comme une simple tautologie. D'après Whitcomb et Morris notamment, la notion de survivance du plus apte (*survival of the fittest*) ne nous apprendrait rien, sinon que «les survivants sont ceux qui survivent», parce qu'ils étaient les mieux armés pour la survie. (Ce qui n'est pas une objection : si la sélection naturelle repose sur une tautologie, elle n'en est que plus solide !)

3) À nier que le caractère aléatoire des mutations génétiques puisse être porteur d'adaptations fonctionnelles. C'est un argument classique : si les mutations n'engendrent que de légères modifications, il n'y a aucune raison pour que ces modifications soient avantageuses à chaque génération... Il est certain que si une modification s'avère désavantageuse, les individus qui en sont porteurs ne seront pas les plus aptes à la survie. Seule une accumulation de modifications comparativement neutres ou avantageuses conduira à l'apparition de spécimen plus «évolués».

4) À souligner l'incomplétude du registre fossile (c'est-à-dire le manque de vestiges d'une succession continue d'organismes légèrement modifiés). Darwin lui-même dédie un chapitre entier de l'*Origine des espèces* à «l'insuffisance des archives géologiques» et relève «l'absence dans nos formations géologiques de chaînons présentant tous les degrés de transition» entre les espèces actuelles et celles qui les ont précédées»[1]. De fait, les archives géologiques proposent «une histoire du globe incomplètement conservée», mais ce qui est plutôt étonnant, c'est que nous disposions malgré tout de séquences bien conservées (des amphibiens aux mammifères, par exemple, ou du cheval Eohippus au cheval actuel).

---

1. *L'Origine des espèces au moyen de la sélection naturelle ou la préservation des races favorisées dans la lutte pour la vie* (1859), trad. E. Barbier revue par D. Becquemont, Paris, GF-Flammarion, 1992, p. 364.

5) À invoquer le second principe de la thermodynamique pour dénier aux systèmes biologiques la capacité d'évoluer d'eux-mêmes du moins organisé vers le plus organisé. A quoi il est aisé de répondre que la dégradation tendancielle de l'énergie (l'augmentation générale de l'entropie) n'interdit en rien son accumulation locale.

6) À affirmer l'incompatibilité de la dignité humaine avec l'explication de sa constitution biologique par mutations aléatoires et sélection naturelle. A quoi on peut répondre que, si dignité exceptionnelle de l'homme il y a, celle-ci ne consiste sans doute pas essentiellement dans une particularité bio-logique; la biologie évolutionniste n'a pas à prendre en charge de thèse métaphysique sur la dignité de l'être humain fondée sur l'existence d'une âme spirituelle. Ce qui serait grave, ce serait justement que la biologie prétende statuer sur l'immatériel et le spirituel...

Intelligent design (ID) et Complexité Irréductible (IC)

Deux stratégies alternatives, destinées à imposer la thèse de la création à titre de vérité scientifique, sont celles du « Dessein Intelligent » dont le plus éminent représentant est William Dembski[1], et celle de la « Complexité Irréductible », dont Michael Behe s'est fait le champion. Les prétentions de ces alternatives sont-elles mieux fondées que les précédentes ? Elles donnent à leurs adversaires plus de fil à retordre, parce qu'elles mobilisent davantage de considérations apparemment rigoureuses (comme un certain usage du calcul des probabi-lités) et ne défendent pas une interprétation littérale de la Bible.

---

1. W. Dembski, *The Design Inference: Eliminating Chance through Small Probabilities*, Cambridge University Press, 1998 ; *Intelligent Design*, InterVarsity Press, 1999 ; *Intelligent Design Uncensored*, InterVarsity Press, 2010.

Certaines vont jusqu'à se dire dégagées de toute obédience confessionnelle. Elles se contentent d'invoquer la complexité des organismes vivants, et suggèrent qu'un si haut degré d'organisation ne peut s'expliquer rationnellement que par l'intervention d'un organisateur. Ces considérations ne sont d'ailleurs pas nouvelles : depuis Démocrite et Lucrèce jusqu'à Jacques Monod, on s'interroge sur la part à donner au hasard et à la nécessité dans l'apparition des organismes vivants, voire de l'univers lui-même.

L'*ID*.

La revendication principale de l'*Intelligent Design* est donc de nier que les mutations aléatoires et la sélection naturelle soient suffisantes pour rendre compte, par exemple, de l'évolution des chordés[1] à partir des échinodermes[2], ou pour expliquer l'apparition des humains et des chimpanzés à partir d'un ancêtre commun. Il serait donc nécessaire d'expliquer ces évolutions par le guidage d'un concepteur intelligent (*intelligent Designer*). Cette revendication pose un problème de *casting* : car on ne voit pas du tout comment, de manière rigoureuse, on pourrait mettre en évidence dans l'histoire naturelle des espèces l'intervention personnelle d'une intelligence aiguillant la variabilité naturelle des espèces, orientant les mutations, etc. Si Dieu (ou le *Designer*) est une entité surnaturelle, alors par définition il échappe à l'expérimentation scientifique ou à la modélisation des sciences de la nature. Et

---

1. Embranchement d'animaux apparu au Cambrien (vers – 500 Millions d'années) comprenant comme sous-embranchements les céphalocordés et les urocordés (exclusivement marins), ainsi que les vertébrés dont certains deviendront terrestres au dévonien (– 370 Millions d'années)

2. Animaux marins tels que l'oursin, l'étoile de mer, dont les plus anciennes traces fossiles remontent au Cambrien inférieur, il y a 525 millions d'années.

l'absence d'explication naturelle complète, à supposer qu'une telle absence puisse être constatée et validée pour l'avenir, n'autorise pas à conclure nécessairement dans le sens d'une explication surnaturelle. En ce sens, Darwin avait parfaitement raison de vouloir «*débarrasser la science de tout recours à la volonté divine*». Les théories de l'*Intelligent Design* partagent avec les «sciences de la création» la prétention d'introduire une intelligence conceptrice ou une intervention divine au sein même de l'investigation scientifique.

La *Complexité irréductible*.

La notion de complexité irréductible est dirigée contre l'explication de l'évolution des organismes fonctionnels par l'accumulation de modifications. Michael Behe, biochimiste à l'Université de Lehigh, définit ainsi cette notion : «Par *irréductiblement complexe*, j'entends un système unique composé de plusieurs parties dont la cohérence et l'interaction mutuelle contribuent à une fonction de base, et où la suppression de n'importe laquelle entraîne la cessation de fonctionnement du système. Un système irréductiblement complexe ne peut pas être produit directement (c'est-à-dire par amélioration continuelle d'une fonction de départ, qui continue de s'exercer par le même mécanisme), au moyen de légères modifications successives d'un système précurseur, parce que tout précurseur d'un système irréductiblement complexe auquel manquerait une partie serait par définition non-fonctionnel». Le raisonnement est le suivant :

> Etant donné que la sélection naturelle ne peut retenir (*choose*) que les systèmes qui fonctionnent déjà, alors, si un système biologique ne peut pas être produit graduellement, il faudra qu'il apparaisse d'un seul coup sous la forme d'une unité déjà

intégrée, pour que la sélection naturelle puisse seulement agir sur lui [1].

Or l'apparition d'un seul coup d'une structure fonctionnelle implique, selon Behe, une espèce de causalité intelligente. Dans l'exemple maintes fois repris du flagelle équipant certaines bactéries et leur permettant un déplacement motorisé, Behe affirme que les structures annulaires qui ont servi de moteur pour le flagelle sont trop complexes pour être apparues graduellement.

Un autre exemple fréquemment mobilisé est celui du cycle de Krebs, suite complexe de réactions biochimiques intervenant dans la chaîne respiratoire de la cellulle. La mise en route d'un tel cycle par étapes semble impossible. On ne voit pas, objectent les partisans de la complexité irréductible, quelle fonction pourraient remplir les innombrables stades intermédiaires nécessaires à la préparation de ce cycle. « Complexité irréductible » signifie alors : il est impossible de concevoir que le métabolisme respiratoire de la cellule résulterait d'une accumulation de modifications structurelles conservées grâce à la sélection naturelle.

Pourtant, l'ignorance où nous sommes des avantages adaptatifs que présenteraient ces stades intermédiaires ne nous permet pas de conclure que le cycle de Krebs a été mis en place dans la cellule d'un coup de baguette magique. Puisque la structure est là avec le cycle qui fonctionne, il est certain que les stades intermédiaires qui ont précédé sa mise en place présentaient suffisamment d'avantages adaptatifs et/ou reproductifs pour ne pas être éliminés. A moins d'invoquer l'entrée en scène d'un facteur non bio-chimique (un agent immatériel, par

---

1. M. Behe, *Darwin's Black Box – The Biochemical Challenge to Evolution*, New York, The Free Press, 1996, p. 39.

exemple). Mais ce disant, on sort clairement de la méthodologie des sciences de la nature. On fait alors de la métaphysique, voire de la mythologie.

La métaphysique créationniste

Jusqu'ici nous avons décrit un certains nombres de positions créationnistes qui prétendaient relever du registre de la connaissance scientifique. Il existe aussi un créationnisme métaphysique. C'est l'affirmation de la dépendance de l'univers par rapport à un principe immatériel, plus ou moins personnel, généralement appelé Dieu. On la trouve chez Platon, d'une autre manière chez Aristote, et dans toute la tradition du rationalisme théiste. Cette métaphysique répond à des questions comme «pourquoi y a-t-il quelque chose plutôt que rien?». Elle ne s'engage pas forcément sur le terrain de la temporalité de la création (qui peut être conçue comme une relation de dépendance ontologique, sans succession chronologique). Dès lors, l'opposition entre cosmos éternel et univers créé tombe, et avec elle, l'interdit épistémologique formulé par Démocrite, selon lequel: «il n'est pas valable de rechercher une cause pour ce qui existe toujours». Leibniz, entre autres, affirme qu'on peut concevoir un monde éternel qui cependant dépendrait inévitablement d'une raison dernière des choses, extramondaine, à savoir Dieu[1]. Clarke est plus explicite encore:

> [...] il ne s'agit pas entre nous et les athées de savoir *s'il est possible que le monde soit éternel* mais *s'il est possible qu'il soit l'Être original, indépendant, existant par lui-même.* Ce sont deux questions très différentes. Plusieurs de ceux qui ont

---

1. *De rerum originatione radicali*, (Gerhardt, VII, 302-303), *Opuscula philosophica selecta*, édité par P. Schrecker, Paris, Boivin et Cie, 1939, p. 78.

embrassé la première se sont déclarés sans détour contre la seconde. [...] Mais ces questions, en quel temps le monde a-t-il été créé ? la création a-t-elle été faite, à proprement parler, dans le temps ? ces questions, dis-je, ne sont nullement faciles à décider par la raison (comme il paraît par la diversité des opinions que les anciens philosophes ont eues sur cette matière), ce sont des choses dont il faut aller chercher la décision dans la révélation[1].

Le concept métaphysique de création ne pose pas une question de *timing*, mais de *self-existence*[2]. C'est aussi une question de casting : le créationnisme « scientifique » prétend imposer dans l'étude des organismes des notions comme l'*Intelligent Design* ou une description en termes de Complexité irréductible aux mécanismes biologiques. Le créationnisme métaphysique, lui, reste prudemment (lâchement diront certains) à l'extérieur de la biologie. Il propose d'expliquer l'existence-même de l'univers, de ses conditions initiales, des conditions aux limites et des lois à partir desquelles l'apparition et l'évolution des organismes est possible.

---

1. *Traité de l'existence et des attributs de Dieu* (1706-1710), trad. fr. A. Jacques, Paris, Adolphe Delahays, 1843, chap. IV, p. 34 et 40

2. Déjà, Chalcidius : « L'origine du monde est causale, non temporelle. Ainsi il se peut que le monde sensible, même s'il est corporel soit éternel, et cependant qu'il soit fait et ordonné par Dieu » (*Plato latinus*, ed. R. Klibansky, vol. IV, *Timaeus, a Calcidio translatus commentarioque instructus*, ed. J.H. Waszink, The Warburg Institute, London, 1962, XXIII, p. 74). Thomas d'Aquin définit la création en ces termes : « La création n'est pas un changement, mais elle est la dépendance même de l'existence créée (*ipsa dependentia esse creati*) par rapport au principe qui la constitue (*ad principium a quo statuitur*) » (*Contra Gentiles*, II, 18, Paris, Lethielleux, 1954, p. 52). Le même Thomas rédige un traité *Sur l'éternité du monde* où il développe l'idée augustinienne qu'il n'y a pas de contradiction entre « X a été créé par dieu » et « X a toujours existé ». *Cf.* C. Michon (éd.), *Thomas d'Aquin et la controverse sur l'éternité du monde*, Paris, GF-Flammarion, 2004.

LE PARTAGE DES COMPÉTENCES
(EXAMEN DU *NON OVERLAPPING OF MAGISTERIA*)

Dans les débats virulents autour du créationnisme, il y a une question préalable touchant le partage des compétences. Les adversaires du créationnisme lui reprochent de mélanger conviction religieuse et vérité scientifique. Les créationnistes imputent à leurs adversaires une idéologie scientiste. Chacun s'empressera de décoller l'étiquette qu'on lui colle : beaucoup de plaidoyers en faveur de la compatibilité entre foi religieuse et théorie de l'évolution commencement par un solennel : «je ne suis pas créationniste, mais... ». Cette précaution oratoire peut rappeler les protestations qu'on entend dans les débats sur le contrôle de l'immigration : « je ne suis pas raciste, mais... ». Ce qui ne favorise pas un retour à la sérénité ni à la discussion rationnelle. Certains partisans de l'athéisme n'hésitent pas à traiter de traîtres ou de lâches ceux qui estiment la théorie synthétique de l'évolution compatible avec la doctrine d'un Dieu créateur. Richard Dawkins les appelle des « évolutionnistes de l'école Neville Chamberlain »[1], du nom du premier ministre britannique pacifiste qui accepta en 1938 les revendications du « gentleman » Hitler sur la Tchécoslovaquie. Ces philosophes ou savants qui, comme Michael Ruse[2], affirment la compatibilité de la biologie évolutionniste avec la croyance en un Dieu créateur suggèrent, de leur côté, que l'ennemi commun c'est le créationnisme, et que les scientifiques athées comme les scientifiques croyants

---

1. *The God Delusion* (2006), Boston-New York, Houghton Mifflin Company, 2008, p. 90-91.
2. Michael Ruse se définit comme « ardent naturaliste et réductionniste enthousiaste » mais ne partage pas le sentiment d'incompatibilité entre science et religion que professent Dawkins et Dennett (*Can a Darwinian be a Christian ?*, Cambridge University Press, 2001, Préface, p. IX-X).

ou compatibilistes feraient mieux d'unir leurs forces, comme
Churchill et Roosevelt s'allièrent avec Staline pour terrasser
l'hydre nazie.

Séparer les registres

Le simple fait que le débat sur le créationnisme mobilise
des comparaisons aussi inquiétantes a de quoi surprendre.
Est-ce que toute position créationniste implique une théorie
raciste et une politique discriminatoire ? Certes, l'affirmation
que le monde est la création de Dieu n'implique pas l'adhésion
au Ku-Klux-Klan, même si la réciproque est malheureusement
vérifiée. Vexés par ce genre d'amalgame, les défenseurs de
thèses créationnistes s'efforceront à leur tour de diaboliser le
camp évolutionniste, en signalant que c'est le darwinisme qui a
mis en selle les théories de la sélection raciale, de la survie du
plus apte. Dans tout débat créationniste, il y a un couplet sur le
« darwinisme social ». Comme si l'adoption de la théorie de
l'évolution devait entraîner une profession de foi dans un
impitoyable *struggle for life*, indifférent au sort des victimes
moins adaptées à la survie dans un environnement hostile.

La théorie darwinienne part de prémisses empiriques bien
établies : la disparité des taux de reproduction des organismes,
la limitation des ressources dont ces organismes disposent
pour survivre, les faits de variation biologique, la transmission
héréditaire des mutations. Par analogie avec la sélection
artificielle en usage dans l'élevage des animaux de rente,
Darwin conçoit une sélection naturelle qui est en mesure
d'expliquer : les adaptations morphologiques, les instincts, la
distribution géographique et stratigraphique des espèces, les
extinctions, les homologies de structure d'une espèce à l'autre,
l'embryologie comparative, l'épidémiologie. Ce sont les deux
premières classes de phénomènes qui expriment le « pouvoir
explicatif prédominant » de la sélection. » Si des variations
utiles à un être organisé quelconque se présentent quelquefois,

assurément les individus qui en sont l'objet ont la meilleure chance de l'emporter dans la lutte pour l'existence; puis, en vertu du principe si puissant de l'hérédité, ces individus tendent à laisser des descendants ayant le même caractère qu'eux. J'ai donné le nom de *sélection naturelle* à ce principe de préservation »[1]. Le principe est difficilement contestable : une variation, si insignifiante qu'elle soit, se conserve et se perpétue, si elle est utile. Sans l'aptitude à la conservation et à la reproduction, les individus biologiques sont éliminés. Ce principe permet de reconstituer des relations généalogiques (celle de l'arbre phylogénétique) entre espèces passées et présentes. Telle quelle, la théorie darwinienne ne privilégie pas davantage une interprétation métaphysique matérialiste qu'une interprétation métaphysique athée. Les croyances privées, le scepticisme religieux de Darwin (surtout motivé par le problème du mal) ne doivent pas entrer en ligne de compte, pas plus que les croyances privées et l'enthousiasme religieux de Newton n'engagent la théorie de la gravitation universelle ou le principe général de la Dynamique. Il est sage de ne pas se fier à ce qu'Althusser désignait sous le nom de « philosophie spontanée des savants ».

Science et métaphysique

Pourtant, est-il si facile de tracer une frontière étanche entre les registres de la croyance religieuse, de la connaissance scientifique et de la réflexion philosophique ? Il ne suffit pas de proclamer une séparation des registres pour que celle-ci soit effective. Certes, un pacte de non-agression réciproque semble avoir été tacitement conclu par bon nombre de savants et de métaphysiciens voire de religieux. C'est la position un peu lassée de Gould : « Pour la trente-six millionième fois [...] la science ne peut tout simplement pas (pour des raisons de

1. *L'Origine des espèces*, éd. cit., p. 178-179.

légitimité méthodologique) se prononcer sur la question d'une possible superintendance divine par rapport à la nature ». C'était déjà la position de James Clark Maxwell : « la science n'est pas compétente pour raisonner sur une création à partir du néant ». C'était aussi celle de Claude Bernard :

> Une fois que la recherche du déterminisme des phénomènes est posée comme principe fondamental de la méthode expérimentale, il n'y a plus ni matérialisme, ni spiritualisme, ni matière brute, ni matière vivante, il n'y a que des phénomènes dont il faut déterminer les conditions, c'est-à-dire les circonstances qui jouent par rapport à ces phénomènes le rôle de cause prochaine. Au-delà, il n'y a plus rien de déterminé scientifiquement ; [...] [1].

On pourrait, semble-t-il, s'en tenir à un partage des compétences. C'est la position (pacifiste ou irénique) du NOMA (pour *Non-Overlapping of Magistria*), c'est-à-dire d'une séparation des domaines de compétences, d'une non-ingérence du biologiste en religion, et réciproquement. Nous traduirons par : NOn-Recoupement des MAgistères, ou NO®MA. La conception du NO®MA peut être résumée comme suit :

> Le domaine de compétence ou l'autorité de la science couvre la région empirique : de quoi l'univers est-il composé (question de fait) et pourquoi fonctionne-t-il de telle manière (question de théorie). La religion, elle, a autorité sur des questions comme la signification ultime et la valeur morale. Ces deux magistères n'ont pas de recoupement (*do not overlap*), et ils n'embrassent pas d'ailleurs tout le domaine de l'enquête (par exemple, il y a un domaine de l'art et de la signification de la beauté). Pour citer les vieux clichés, disons que la science s'intéresse à l'âge des

---

1. Cl. Bernard, *Introduction à l'étude de la médecine expérimentale*, 3ᵉ part., chap. IV, § IV, F. Gzil (éd.), Paris, Livre de poche, 2008, p. 435.

roches, et la religion au Roc des siècles ; « la science étudie comment va le ciel, la religion comment on va au ciel » [1].

Dominique Lecourt a donné une version de ce principe :

> Aux interrogations qui agitent les théologiens, les sciences dites de la nature n'apportent aucune réponse, sauf à ériger la Nature en rivale de Dieu ; sauf à faire de la science un fétiche, et de la raison même une idole, comme ce fut trop souvent le cas chez les biologistes depuis les dernières décennies du XIXe siècle [2].

C'est la position d'un astronome de Cambridge comme Martins Rees :

> Le mystère prééminent, c'est pourquoi il existe quoi que ce soit (*why anything exists at all*). Qu'est-ce qui insuffle la vie dans les équations, et les rend effectives dans le cosmos réel ? Mais ce genre de questions se trouvent au-delà de la science : elles sont du ressort des philosophes et des théologiens [3].

Refusant le NO®MA, Dawkins estime que la démarche scientifique peut et doit se prononcer sur la question de Dieu. Il propose de déterrer la hache de guerre. Nous proposons d'examiner maintenant la position incompatibiliste de Dawkins, représentant intransigeant de l'anti-créationnisme.

LA CROISADE ANTI-CRÉATIONNISTE DE DAWKINS

Dawkins considère que la coexistence pacifique des sciences de la nature et d'une thèse métaphysique théiste (selon

1. Dawkins emprunte à Stephen Jay Gould (*Rocks of Ages*) cette présentation (*The God Delusion*, p. 78-79).
2. D. Lecourt, « Le "créationnisme scientifique" américain : une histoire interminable ? », *op. cit.*, p. 259.
3. M. Rees, *Our Cosmic Habitat*, cité par Dawkins, *The God Delusion* (2006), Boston, New York, Houghton Mifflin Company, 2008, p. 79.

laquelle l'ensemble des réalités physiques et les lois qui gouvernent leurs propriétés et leurs interactions doivent leur existence à un créateur) est intenable. Voici l'argument tel qu'il le résume dans le chapitre de *The God Delusion* intitulé : « Pourquoi il est quasi certain que Dieu n'existe pas (*Why there almost certainly is no God*) » [1].

1) « L'un des plus grands défis adressés, au fil des siècles, à l'intelligence humaine a été d'expliquer comment dans l'univers se produit une apparence ou un semblant de conception (*design*) complexe et improbable.

2) La tendance naturelle est d'attribuer cette apparence de conception à une conception effective. Dans le cas d'un artefact humain tel qu'une montre, le concepteur se trouve effectivement être un ingénieur intelligent. Il est tentant d'appliquer la même logique à un œil, une aile, une araignée ou une personne.

3) Cette tendance est un piège, parce que l'hypothèse d'un concepteur pose aussitôt la question plus vaste de savoir qui a conçu le concepteur. Le problème initial était d'expliquer une improbabilité statistique. Mais ce n'est manifestement pas une solution de postuler quelque chose de plus improbable encore. Il nous faut une grue, et pas un crochet céleste : seule une grue peut parvenir à élaborer graduellement et en toute plausibilité la transformation qui conduit d'un état simple à une complexité sinon improbable.

4) La grue la plus efficace et la plus ingénieuse qu'on ait trouvé jusque là est l'évolution darwinienne par sélection naturelle. Darwin et ses successeurs ont montré comment des créatures vivantes, malgré leur spectaculaire improbabilité statistique et l'apparence qu'ils ont d'être « conçus », ont en fait évolué à partir de commencements simples, par degrés lents et progressifs. On peut donc affirmer en toute sécurité (*safely*) que

---

1. Dawkins, *The God Delusion*, *op. cit.*, p. 188-189.

l'apparence d'un dessein dans les créatures vivantes est bien une illusion.

5) On ne dispose pas encore d'une grue équivalente en physique. En principe, telle ou telle version de la théorie du multivers pourrait en principe accomplir en physique le même travail d'explication que le darwinisme en biologie. Ce type d'explication est en gros moins satisfaisant que la version biologique du darwinisme, du fait qu'il réclame une part de hasard plus importante. Mais le principe anthropique nous autorise à postuler beaucoup plus de chance que ce dont s'accommode notre intuition humaine limitée.

6) On ne doit pas renoncer à l'espoir de voir arriver une grue plus efficace en physique[1], aussi performante que le darwinisme en biologie. Cependant, même en l'absence d'une grue assez performante pour rivaliser avec la grue biologique, les grues plutôt moins performantes dont nous disposons à présent n'en restent pas moins, soutenues par le principe anthropique, évidemment plus performantes que l'hypothèse auto-destructrice d'un crochet céleste manœuvré par un concepteur intelligent. »

Commentons chacune de ces propositions.

A propos de (1) : il est vrai que la grande complexité et la relative simplicité fonctionnelle d'un certain nombre de formes vivantes a longtemps suscité l'admiration et la perplexité. Plusieurs attitudes épistémologiques sont alors possibles : la

---

1. *Cf.* la toute dernière tentative de Stephen Hawking pour montrer que l'univers s'est créé selon les lois de la physique, sans l'aide de dieu *(Y a-t-il un architecte dans l'Univers ?* avec L. Mlodinow, Paris, Odile Jacob, 2011). Pourtant, la question métaphysique reste ouverte : d'où sortent, ces lois, d'où vient qu'elles s'appliquent qu'est-ce que signifie « un univers qui se crée lui-même » ? D'où tient-il ce pouvoir de se tirer lui-même du néant ? En définitive, qu'est-ce qui fait qu'il existe un univers dont la structure lui permet d'exister, le cas échéant, sans cause ?

description présupposante, l'indifférence méthodologique, la réduction mécaniste, l'élimination métaphysique de la finalité.

La description présupposante consiste à décrire certaines structures du monde vivant dans des termes qui présupposent une conception intelligente. Si je dis que les poumons ont été faits pour que nous puissions respirer, je présuppose un concepteur. En effet, « x est fait pour… » présuppose que « x est fait par… ».

L'indifférence méthodologique consiste à s'abstenir de toute considération de finalité. Descartes, par exemple, soutient « Qu'il ne faut point examiner pour quelle fin Dieu a fait chaque chose, mais seulement par quel moyen il a voulu qu'elle fût produite. » « Nous rejetterons, ajoute-t-il, entièrement de notre philosophie la recherche des causes finales »[1]. L'abstention, ayant tourné au rejet, nous conduit à l'attitude de réduction mécaniciste.

La réduction mécaniciste : c'est l'entreprise de montrer que le semblant de finalité peut recevoir une explication parfaitement mécanique. C'est ainsi, que Buffon expliquait la régularité des alvéoles de la ruche au moyen d'un modèle mécanique simple : les pois chiches qu'on fait bouillir de façon compacte prennent d'eux-mêmes cette forme hexagonale, sans qu'aucune intention ou cause finale n'entre en ligne de compte. (Mais Buffon maintient par ailleurs une forme de finalité dans les formations organiques). De fait, la réduction mécaniciste n'exclut pas encore la finalité. Elle se contente de décrire la mise en œuvre de cette prétendue finalité par des moyens purement mécaniques

L'élimination métaphysique de la finalité peut être illustrée par la proposition de Lucrèce :

---

1. Descartes, *Principes de la Philosophie*, 1ʳᵉ part., art. 28, dans *Œuvres complètes*, Adam et Tannery, IX, II, Paris, Vrin, 1996, p. 37.

les mains ne sont pas de dociles servantes à nos côtés, pour que nous en fassions usage dans les besoins de la vie. Toute explication de ce genre est à contresens et prend le contre-pied de la vérité. Rien en effet ne s'est formé dans le corps pour notre usage ; mais ce qui s'est formé, on en use. Aucune faculté de voir n'exista avant la constitution des yeux, aucune parole avant la création de la langue : c'est au contraire la langue qui a précédé de beaucoup la parole, bien avant l'audition des sons ; enfin tous nos organes existaient, à mon sens, avant qu'on en fît usage, ce n'est donc pas en vue de nos besoins qu'ils ont été créés [1].

En somme, on ne devrait pas dire que les yeux sont faits pour voir, mais qu'ils permettent de voir. L'œil n'existe pas en vue de voir. Mais, vu qu'on a des yeux, on peut voir [2].

Avec le point (2), nous rencontrons le problème de l'analogie. Richard Dawkins définit la biologie : « l'étude d'objets complexes qui donnent l'apparence d'avoir été conçus dans un but précis ». Il affirme qu'on doit et qu'on peut dissiper l'apparence de l'intervention d'un horloger : « les résultats vivants de la sélection naturelle nous impressionnent irrésistiblement par l'apparence d'avoir été conçus par un maître horloger, ils nous impressionnent par l'illusion d'une conception et d'un projet. » [3]. Dans les *Dialogues sur la religion naturelle*, Hume avait déjà contesté le recours à l'analogie pour expliquer la formation de l'univers ou celle des organismes vivants. Plus précisément, Dawkins s'en prend au finalisme de Paley. William Paley, au début de sa *Théologie naturelle*, propose de comparer l'œil animal avec un télescope : « A mesure qu'on procède à l'examen de l'instrument, c'est exactement de la même manière qu'on prouve que l'œil a été fait pour la vision,

---

1. *De rerum natura*, Livre IV, 830 *sq.*
2. Cf. *infra*, « La finalité, cheval de bataille du créationnisme », p. 46.
3. R. Dawkins, *L'Horloger aveugle*, Paris, Robert Laffont, 1989, p. 15 et p. 36.

et qu'on prouve que le télescope a été fait pour assister la vision. L'un et l'ordre sont fabriqués d'après les mêmes principes; l'un et l'autre sont adaptés (*adjusted*) aux lois qui régissent la transmission et la réfraction des rayons lumineux ». C'est cette analogie finaliste qui sert de base à maint raisonnement créationniste. La critique de Dawkins est directe :

> L'analogie du télescope et de l'œil, de la montre et de l'orga-nisme vivant, est fausse. Tous les phénomènes montrent le contraire : le seul horloger dans la nature, ce sont les forces aveugles de la physique, aussi spécifique que soit la manière dont elles se déploient. Un vrai horloger procède en prévoyant : il conçoit ses rouages et ses ressorts, il prévoit (*plans*) leurs interconnexions, et son esprit a en vue la réalisation d'un projet futur (*purpose*). La sélection naturelle, ce procédé aveugle, inconscient, automatique découvert par Darwin, dont nous savons à présent qu'elle explique l'existence et la forme apparemment finalisée (*purposeful*) de toute vie, n'a pas de finalité en tête (*no purpose in mind*). Elle n'a pas d'esprit ni de vues. Elle ne fait pas de plans pour l'avenir. Elle n'a ni vision, ni prévision, ni la moindre vue. Si on veut lui donner le rôle d'un horloger dans la nature, ce sera celui d'un horloger aveugle [1].

Dawkins récuse donc l'analogie du télescope et de l'œil, parce qu'elle implique l'intervention d'un agent intentionnel dans la formation de la structure oculaire. La biologie ne peut faire intervenir que des entités biologiques. Elle ne fait pas de métaphysique.

La proposition (3) de Dawkins est en réalité double. Il y a une proposition d'épistémologie générale d'un côté, et une pro-position de méthodologie des sciences biologiques de l'autre. D'une part l'explication par un concepteur est jugée insuffi-sante, parce qu'elle est plus obscure que ce qu'elle explique.

---

1. Nous nous reportons au texte original R. Dawkins, *The Blind Watchmaker*, London-New York, Norton, 1986, p. 5.

Elle ne fait que reculer d'un cran la question : à supposer que le monde (dont nous observons une partie) ait un concepteur, d'où sort ce concepteur inobservable ? Expliquer ce qu'on voit par ce qu'on ne voit pas, n'est-ce pas lâcher la proie pour l'ombre ? N'est-il pas préférable de se contenter d'une explication naturelle en termes de lois, de variables et de constantes ? Wittgenstein qualifie d'illusoire (*Taüschung*) la conception moderne du monde pour laquelle « ce qu'on appelle les lois de la nature sont les explications des phénomènes naturels » et qui prétend que, par ces lois, « *tout* est expliqué »[1]. Car pour être cohérente, pour expliquer « tout », la conception moderne du monde devrait expliquer l'existence même des lois de la nature. D'où sortent-elles ? Wittgenstein trouve les Anciens plus clairs, dans la mesure où ils reconnaissent clairement un terme premier (*klarer Abschluss*), Dieu ou le Destin. Toutefois, même si l'on n'était pas convaincu par la légitimité de l'exigence d'une recherche de cause responsable ultime, et qu'on dût se ranger à la possibilité d'une régression causale infinie, on n'est pas pour autant débarrassés d'une entité éternellement préexistante. C'est ce que suggère plaisamment J. L. Mackie :

> Si chaque entité était transitoire, il faudrait la veine la plus incroyable pour que leur tuilage (leur recouvrement) se poursuive pendant un temps infini. Deuxièmement, même devant une veine aussi incroyable, on pourrait considérer la série temporelle par tuilage comme étant elle-même quelque

---

1. *Tractatus logico-philosophicus*, 6. 371 et 6. 372. Par ailleurs, Wittgenstein se montre très sceptique sur le pouvoir explicatif de la création : « le créateur au commencement du monde, voilà qui certes n'explique rien de la réalité, mais c'est un point de départ (*Anfang*) acceptable pour les humains » (*Philosophische Grammatik*, herausgegeben von Michael Nedo, Wien-New York, Wiener Ausgabe-Springer-Verlag, 1996, Band 5, p. 32, lignes 35-37).

chose qui a déjà duré un temps infini, et donc ne serait pas quelque chose de transitoire [1].

D'autre part c'est une explication « transcendante » qui fait intervenir un agent surnaturel : le « crochet céleste » manœuvré par un grutier immatériel, dont on ignore tout du mode d'opération. Il vaut mieux, suggère Dawkins, nous mettre en quête d'une grue, et de mécanismes naturels identifiables. Dieu n'est qu'une étiquette provisoire posée sur des processus naturels jusque là non repérés ou non-expliqués.

La proposition (4) de Dawkins soulève un autre problème. Dawkins affirme que seule l'explication darwinienne est satisfaisante : elle n'opère qu'avec des entités naturelles, par gradations continues. Comme théorie scientifique, elle remplit le cahier des charges mieux qu'aucune autre : elle postule un petit nombre d'entités dont le fonctionnement se laisse concevoir par analogie avec ce que nous pouvons observer. En quoi, Dawkins a raison. L'explication de la biologie évolutionniste est incontestablement la meilleure parmi les explications scientifiques.

De façon tout à fait loyale, Dawkins admet, avec la proposition (5), que l'explication de l'origine de l'univers n'est pas aussi avancée et assurée que l'explication de l'origine des espèces. Contre une métaphysique de la création, Dawkins invoque alors le principe anthropique d'après lequel, puisque nous existons, il fallait bien que l'univers présente, selon l'expression de Fred Hoyle, un « ajustement fin (*fine-tuning*) des constantes universelles ». L'argument revient à dire ceci : « si l'univers ne présentait pas un ordre comportant des lois simples entraînant la matière dans une voie qui conduit à l'évolution d'animaux et d'êtres humains, il n'y aurait aucun animal

---

1. J.-L. Mackie, *Miracle of Theism*, Oxford, Oxford University Press, 1981, p. 89.

vivant pour commenter ce fait. Par conséquent, il n'y a rien de surprenant dans le fait que nous trouvions un ordre propice au développement humain – il nous serait impossible de trouver autre chose». On peut proposer ici la réponse que fait Swinburne :

Supposons qu'un fou kidnappe une victime et l'enferme dans une pièce où se trouve une machine à mélanger les cartes. La machine mélange en même temps dix paquets de cartes, puis tire une carte dans chacun et dévoile simultanément les dix cartes tirées. Le ravisseur annonce à la victime qu'il va mettre la machine en marche, qui donc va dévoiler son premier tirage de dix cartes. Or, à moins que ne soit tiré l'as de cœur de chaque paquet, la machine déclenchera immédiatement une explosion qui tuera la victime, qui donc ne pourra voir les cartes que la machine a tirées. La machine est mise en marche : et à la grande surprise et au soulagement de la victime, la machine tire un as de cœur dans chaque paquet. La victime pense que ce fait extraordinaire demande une explication : la machine a dû être préparée d'une manière ou d'une autre. Le ravisseur, qui réapparaît alors, écarte cette idée. "Rien de surprenant, dit-il, à ce que la machine n'ait tiré que des as de cœur. Il vous était impossible de voir autre chose. Car si d'autres cartes avaient été tirées, vous ne seriez même pas là pour examiner le tirage." C'est pourtant bien la victime qui a raison, et le ravisseur qui a tort. Il y a bel et bien quelque chose d'extraordinaire et qui demande une explication dans le tirage des dix as de cœur. Le fait que cette distribution spéciale soit une condition nécessaire pour que le tirage puisse seulement être constaté ne rend pas ce qui est constaté moins extraordinaire pour autant ni moins nécessaire à expliquer. Certes, chaque tirage, chaque arrangement de la matière est également improbable a priori – c'est-à-dire si seul le hasard dicte ce qui est tiré. Mais si une personne est là pour arranger les choses, elle peut avoir des raisons de produire tel arrangement plutôt que tels autres (dix as de cœur, un monde minutieusement réglé pour produire des animaux et des êtres humains). Et si nous trouvons de tels arrangements, cela constitue une raison de supposer qu'une personne est à l'œuvre [1].

Le principe anthropique ne suffit pas à banaliser l'existence d'un univers ordonné. Mais ne confondons pas les genres. L'affirmation de Swinburne est une affirmation *métaphysique*. Il ne s'agit pas d'une explication scientifique de la synthèse des éléments lourds dans les étoiles, ou encore des mutations génétiques ou du fonctionnement de la sélection naturelle. Il s'agit d'une explication métaphysique de la présence de lois et de constantes sans lesquelles la chimie du carbone sur laquelle repose l'évolution des organismes vivants aurait été totalement compromise. Swinburne ne fait pas intervenir Dieu comme cause mise en évidence dans les processus naturels, mais comme facteur explicatif situé au-delà de la nature, et responsable de l'existence même de la nature et de ses lois [2]. Il s'agit d'une explication « par la personne », et non en termes d'entités inanimées. La question à laquelle il répond est : « Pourquoi y a-t-il quelque chose plutôt que rien ? » et « Pourquoi un monde qui rend possible l'apparition d'animaux intelligents et responsables plutôt qu'un chaos indéchiffrable et hostile à toute stabilité organique ? »

Enfin la proposition (6) est complexe. Dawkins refuse d'insulter l'avenir (« On ne doit pas renoncer à l'espoir de voir arriver une grue plus efficace en physique, aussi performante que le darwinisme en biologie »). Mais il affirme par ailleurs que « l'hypothèse d'un crochet céleste manœuvré par un concepteur intelligent est auto-destructrice ». C'est vrai, si ce crochet est réputé être un véritable processus mécanique, un

---

1. R. Swinburne, *Y a-t-il un Dieu ?*, Paris, Ithaque, 2010, p. 67-68.
2. Signalons que Swinburne critique la Complexité Irréductible de Michael Behe (*The existence of God*, Second edition, additional note 2 : « Recent arguments to Design from Biology », Oxford University Press, 2004, p. 346-349).

dispositif physique doté de masse, d'énergie, de coordonnées dimensions spatio-temporelles, car alors Dieu retombe dans le domaine de la physique, et l'hypothèse est contradictoire : c'est l'hypothèse d'un agent immatériel agissant comme un agent physique… Pourtant, la contradiction n'est pas fatale, si l'on prend soin de distinguer la causalité physique d'une part et l'hypothèse d'un agent surnaturel, conçu par analogie avec la personne humaine, mais non limité comme elle. Bien entendu, il faudra comparer la force explicative de cette hypothèse métaphysique avec celle d'autres hypothèses métaphysiques, comme le matérialisme ou le naturalisme. En attendant, on peut dire que l'impossibilité méthodologique d'identifier physiquement (en termes de processus biologiques ou physico-chimiques) une intervention surnaturelle ne permet pas d'exclure l'hypothèse métaphysique selon laquelle l'ensemble des processus biologiques dépendrait en dernier ressort d'une cause d'existence des éléments ultimes et des lois d'interaction et d'intégration entre ces composants. Il est tout aussi injustifié de déposer l'hypothèse métaphysique d'un agent responsable de l'existence de l'univers, de sa structure et de ses propriétés, que d'imposer dans les sciences de la nature l'intervention d'un tel agent. Dawkins présume que l'explication intégrale de toutes les transformations des systèmes biologiques suffirait à se débarrasser de l'hypothèse Dieu en métaphysique. On verra en quoi Dembski[1] commet une erreur symétrique à celle de Dawkins en présumant qu'il est impossible de venir à bout de l'apparition de certains systèmes biologiques sans passer obligatoirement par une intelligence conceptrice.

---

1. Texte 1, cf. *infra*, p. 69 *sq*.

LA FINALITÉ : CHEVAL DE BATAILLE DU CRÉATIONNISME

On vient d'évoquer, dans la section précédente, le problème de la finalité. Il semble qu'il n'est pas pertinent d'expliquer, en sciences naturelles, la formation des organes de la vue, aussi complexe et inattendu que ce processus puisse nous paraître, en termes d'un concepteur surnaturel qui en aurait conçu le *design*. Ce n'est pas une question d'idéologie, mais de méthodologie. Il est normal de laisser le biologiste travailler avec des entités et des processus naturels. Il étudiera la formation de l'œil des vertébrés avec les moyens du bord, c'est-à-dire en recherchant par quelle accumulation de variations sélectionnées on peut envisager le passage graduel de la simple cupule oculaire jusqu'à l'œil « camérulaire ». S'il n'y parvient pas, c'est qu'il lui reste du chemin à parcourir. S'il y parvient, il n'aura pas éliminé le théisme. Dieu n'étant pas un fait biologique, une protéine ou une séquence génomique, on ne voit pas comment la recherche biologique pourrait l'inclure dans sa théorie, ni l'interdire à d'autres disciplines. Elle ne peut l'inclure, car il faudrait formuler des lois d'interaction entre le Tout-puissant et les cellules vivantes. Elle ne pourrait l'écarter que si la biologie prétendait avoir expliqué non seulement ce qui est de son ressort, à savoir l'évolution des organismes vivants, mais l'existence même d'un univers où l'apparition de la vie est possible, ce qui n'est pas de son ressort. L'existence de l'univers, il faut le rappeler, n'est même pas du ressort de la cosmologie ou de l'astrophysique, qui proposent des modèles de développement des structures physiques macro et microscopiques à partir d'hypothèses sur des conditions initiales ou des conditions aux limites. Comme on l'a rappelé dans la section précédente, aucune science n'est compétente pour raisonner sur le fait même qu'il existe un objet de science. Cela ne veut pas dire que la métaphysique du théisme est indiscutable. Mais l'essentiel de la discussion échappe aux prises des sciences de la nature : l'existence ou l'inexistence d'un être surnaturel dont dépendrait l'existence de l'univers sont par définition étrangères à la méthodologie des sciences de la nature.

Pourtant, à maintes reprises, philosophes et savants ont revendiqué le recours aux causes finales, non seulement d'un point de vue métaphysique, mais jusque dans l'investigation des sciences de la nature. L'avènement de la méthode expérimentale et d'une définition plus stricte des objets et des compétences des sciences de la nature semble avoir changé la donne, mais dans quelle mesure ? Récapitulons quelques éléments du débat.

Le défi d'Anaxagore

Un passage souvent célébré du *Phédon* de Platon expose, à sa manière, la thèse du Dessein intelligent :

> J'entendis un jour quelqu'un lire dans un livre d'Anaxagore, où il y avait ces paroles *qu'un être intelligent était cause de toutes choses, et qu'il les avait disposées et ornées*. Cela me plut extrêmement, car je croyais que si le monde était l'effet d'une intelligence, tout serait fait de la manière la plus parfaite qu'il eût été possible. [...] je pris et je parcourus les livres d'Anaxagore avec grand empressement ; mais je me trouvai bien éloigné de mon compte, car je fus surpris de voir qu'il ne se servait point de cette intelligence gouvernatrice qu'il avait mise en avant, [...]. En quoi il faisait comme celui qui, ayant dit que Socrate fait les choses avec intelligence, et venant par après à expliquer en particulier les causes de ses actions, dirait qu'il est assis ici, parce qu'il a un corps composé d'os, de chair et de nerfs, que les os sont solides, mais qu'ils ont des intervalles ou jointures, que les nerfs peuvent être tendus et relâchés, que c'est par là que le corps est flexible et enfin que je suis assis. [...] il est déraisonnable d'appeler ces os et ces nerfs et leurs mouvements des causes. Il est vrai que celui qui dirait que je ne saurais faire tout ceci sans os et sans nerfs aurait raison, mais autre chose est

ce qui est la véritable cause et ce qui n'est qu'une condition sans laquelle la cause ne saurait être cause [1].

L'argument avancé par Platon est que, bien que conditions nécessaires, les nerfs et les os ne sont pas conditions suffisantes du comportement de Socrate qui a choisi d'affronter ses juges, plutôt que de fuir pour l'exil. Or, si l'explication d'un comportement individuel fait appel à l'intelligence, le monde entier peut bien, par analogie, être appelé « l'effet d'une intelligence ». La thèse du Dessein Intelligent est ici clairement présente. Mais est-ce une thèse physique ou un principe métaphysique ? Leibniz, en cela fidèle à Aristote ou à Thomas d'Aquin, semble bien inclure ce principe de finalité dans la physique [2]. Pour Aristote, c'est un principe que « la nature ne fait rien en vain », et celui qui l'étudie doit rechercher la cause finale, c'est-à-dire « ce en vue de quoi » tel membre, partie ou organe du végétal ou de l'animal sont conformés. On peut alors se demander s'il s'agit simplement d'un principe heuristique, facilitant la découverte de relations entre les organes, ou bien d'un principe constitutif, qui non seulement guide nos recherches, mais explique la manière dont la nature est faite [3]. Leibniz semble adopter une conception forte de l'explication finaliste :

1. *Phédon* (97 bc), traduction de Leibniz, *Discours de métaphysique*, « 20. Passage remarquable de Platon contre les philosophes trop matériels », dans *Discours de métaphysique et Correspondance avec Arnauld*, Paris, Vrin, 1984, p. 57-58.
2. Le chapitre précédant la longue citation du *Phédon* est justement intitulé « Utilité des causes finales dans la physique » (*ibid.*, p. 55).
3. Pour Thomas d'Aquin, le principe des causes finales fait plus immédiatement apparaître un agent, par exemple dans la fameuse « cinquième voie » pour démontrer l'existence de Dieu : « Nous voyons que des êtres privés de connaissance, comme les corps naturels, agissent en vue d'une fin, ce qui apparaît clairement du fait que, constamment ou le plus fréquemment, ils agissent de la même manière, et poursuivent un optimum ; il est donc clair que ce n'est pas par hasard, mais en vertu d'une intention qu'ils parviennent à leur fin.

Et pour moi je tiens au contraire que c'est là [dans la volonté de Dieu] où il faut chercher le principe de toutes les existences et des lois de la nature, parce que Dieu se propose toujours le meilleur et le plus parfait. [...] Tous ceux qui voient l'admirable structure des animaux se trouvent portés à reconnaître la sagesse de l'auteur des choses, et je conseille à ceux qui ont quelque sentiment de piété et même de véritable philosophie, de s'éloigner des phrases de quelques esprits forts prétendus, qui disent qu'on voit parce qu'il se trouve qu'on a des yeux, sans que les yeux aient été faits pour voir. Quand on est sérieusement dans ces sentiments qui donnent tout à la nécessité de la matière ou à un certain hasard (quoique l'un et l'autre doivent paraître ridicules à ceux qui entendent ce que nous avons expliqué ci-dessus), il est difficile qu'on puisse reconnaître un auteur intelligent de la nature. Car l'effet doit répondre à sa cause, et même il se connaît le mieux par la connaissance de la cause et il est déraisonnable d'introduire une intelligence souveraine ordonnatrice des choses et puis, au lieu d'employer sa sagesse, ne se servir que des propriétés de la matière pour expliquer les phénomènes [1].

Une mécanique sans mécanicien ?

Leibniz s'en prend donc aux « philosophes trop matériels » qui, avec Anaxagore, n'ont pas tenu les promesses de l'explication par « une intelligence souveraine ordonnatrice ». C'est une critique assez directe du mécanisme des disciples de Descartes, pour qui le mouvement vital (respiration, circulation sanguine) « suit aussi nécessairement de la seule disposition

---

Or, ce qui est privé de connaissance ne peut tendre à une fin que dirigé par un être connaissant et intelligent, comme la flèche par l'archer. Il y a donc un être intelligent par lequel toutes choses naturelles sont ordonnées à leur fin, et cet être, c'est lui que nous appelons Dieu. » cf. *Qu'est-ce que la théologie naturelle ?*, Paris, Vrin, 2004, p. 80-81.

1. *Ibid.*, p. 56-57.

des organes […] que fait celui d'une horloge, de la force, de la situation et de la figure de ses contrepoids et de ses roues »[1]. Toutefois l'explication mécanique ne supprime pas forcément la question de leur origine; Descartes considère le corps « comme une machine qui, ayant été faite des mains de Dieu, est incomparablement mieux ordonnée, et a en soi des mouvements plus admirables, qu'aucune de celles qui peuvent être inventées par les hommes »[2].

C'est le débat que Hume va mettre en scène. Il mentionne d'abord l'analogie frappante entre productions de l'industrie humaine et productions de la nature :

> La minutieuse adaptation des moyens aux fins à travers toute la nature ressemble exactement, bien que les dépassant de beaucoup, aux productions de l'industrie humaine – du dessein, de la sagesse et de l'intelligence humaine. Par conséquent, puisque les effets se ressemblent, nous sommes conduits à inférer, par toutes les règles de l'analogie, que les causes aussi se ressemblent et que l'Auteur de la nature est en quelque manière (*somewhat similar*) à l'esprit de l'homme, bien que doué de facultés beaucoup plus vastes, proportionnées à la grandeur de l'ouvrage qu'il a exécuté.

Hume fait valoir ensuite combien cette analogie est contestable :

> En voyant une maison, nous concluons, avec la plus grande certitude, qu'elle a eu un architecte ou un constructeur, parce que c'est précisément cette sorte d'effet que l'expérience nous a montré provenir de cette sorte de cause. Mais vous n'affirmerez sûrement pas que l'univers entretient avec une maison une ressemblance telle que nous puissions avec la même certitude

---

1. Descartes, *Discours de la méthode*, V^e part., AT VI, p. 50.
2. Descartes, *Discours de la méthode*, V^e part., AT VI, p. 56.

inférer une cause semblable, ni que l'analogie soit ici entière et parfaite [1].

Mais le partisan d'un principe d'ordre intelligent ne désarme pas si facilement. Certes, *a priori*, la matière pourrait être dotée d'un pouvoir d'auto-organisation. Cependant, l'expérience ne nous montre jamais une maison se construisant elle-même. Il doit donc y avoir un principe d'ordre dans l'univers, comme il y en a un dans le cas d'une construction humaine ». C'est alors sur l'expérience, et non sur un *a priori* dogmatique, que pourrait se fonder l'inférence qui part du monde pour conclure à un dessein : « un monde ordonné, tout autant qu'un discours cohérent et articulé, ne laissera pas d'être reçu comme une preuve incontestable de dessein et d'intention ». L'objection humienne va consister encore une fois à contester l'analogie :

> Quand je lis un livre, j'entre dans l'esprit et dans l'intention de l'auteur : d'une certaine façon, je deviens lui-même à ce moment et j'ai un sentiment et une conception immédiate de ces idées qui roulaient dans son imagination, tandis qu'il s'occupait à cette composition. Une approche si étroite ne nous est jamais permise à l'égard de la Divinité. Ses voies ne sont pas nos voies. Ses attributs sont parfaits, mais incompréhensibles. Et ce livre de la nature contient une grande et inexplicable énigme, plutôt qu'un discours ou un raisonnement intelligible [2].

Le Newton du brin d'herbe

La question de la finalité dans la nature et celle d'une analogie entre conception d'un mécanisme et apparition des

---

1. Hume, *Dialogues sur la religion naturelle*, trad. fr., M. Malherbe, Paris, Vrin, 1997, 2ᵉ part., p. 95, p. 96-97.
2. Hume, *Dialogues sur la religion naturelle*, 3ᵉ part., *op. cit.*, p. 99-100, p. 113-114, p. 115.

organismes naturels n'est pas une question intemporelle, et insensible aux progrès de l'observation du vivant. Alors même que l'histoire naturelle (l'étude des végétaux et des animaux) connaissait un premier essor, Kant opposait le succès de l'explication physique en astronomie au mystère de l'apparition de la vie animale. Kant admet en effet qu'on puisse relever le défi suivant : « Donnez-moi de la matière (et les lois du mouvement) et à partir de là je vais vous construire monde », mais non qu'on puisse dire : « Donnez-moi de la matière (et les lois du mouvement) et à partir de là je vais vous fabriquer une chenille »[1]. Dans la *Critique de la faculté de juger*, Kant déclare encore : « Il est tout à fait certain que nous ne pouvons même pas connaître suffisamment les êtres organisés et leur possibilité interne selon de simples principes mécaniques de la nature et encore moins nous les expliquer ; […] il est […] absurde […] d'espérer que puisse naître un jour quelque Newton qui fasse comprendre la simple production d'un brin d'herbe selon les lois de la nature qu'aucune intention n'a ordonnées ». On peut bien sûr faire remarquer que, vingt ans après, le « Newton du brin d'herbe » allait naître sous le nom de Darwin. Kant a sans doute désespéré un peu vite des ressources de l'explication scientifique. Mais l'intérêt des réflexions kantiennes sur la finalité dans la nature est ailleurs. Kant estime que « nous *n'observons* pas véritablement les fins de la nature comme fins intentionnelles, mais c'est seulement dans la réflexion sur les produits de la nature que nous ajoutons par la pensée ce concept en tant que fil conducteur de la faculté de juger, ces fins ne nous sont pas données par l'objet ». Autrement dit, parler de finalité dans la nature, c'est plaquer sur le cours des choses une façon de penser qui nous est propre : « je ne puis pas, à partir de la constitution propre à mes facultés de connaître, juger

---

1. Kant, *Histoire générale de la Nature et Théorie du Ciel*, 1755, Préface.

autrement de la possibilité de ces choses et de leur production qu'en pensant pour celles-ci une cause qui agit selon des intentions ». Kant retient le concept de finalité comme la seule manière dont nous pouvons décrire l'existence et le fonctionnement des organismes naturels, il ne se prononce pas réellement sur la nature intentionnelle des processus. Le recours à la finalité est seulement un mode d'explication subjectif « inhérent à l'espèce humaine de façon indissoluble ». « Nous ne pouvons donc pas juger objectivement, soit de façon affirmative, soit de façon négative, de la proposition suivante : savoir si un être agissant selon ses intentions comme cause du monde (donc comme créateur) est au fondement de ce que nous nommons à juste titre des fins naturelles » [1].

Causes finales, causes mécaniques : la controverse Voltaire-D'Holbach

Revenons un peu avant l'arbitrage kantien. En 1770, le baron D'Holbach publie un *Système de la Nature* d'inspiration lucrétienne. D'Holbach s'en prend au Dieu de Newton. Newton, dans le Scholie général des *Principia mathematica*, affirmait que « d'une nécessité physique et aveugle qui serait partout et toujours la même, il ne pourrait sortir aucune variété dans les êtres ». Par contraposition, Newton en tirait : « la diversité que nous voyons ne peut venir que des idées et de la volonté d'un être qui existe nécessairement ». D'Holbach récuse cette proposition : « pourquoi cette diversité ne viendrait-elle pas des causes naturelles, d'une matière agissante par elle-même, et dont le mouvement rapproche et combine des éléments variés

---

1. Kant, *Critique de la faculté de juger*, § 75, trad. fr., J.-R. Ladmiral, M. B. de Launay, J.-M. Vaysse, *Œuvres philosophiques*, t. 2, Paris, Gallimard 1985, p. 1196-1197.

et pourtant analogues, ou sépare des êtres à l'aide de substances qui ne se trouvent point propres à faire union ? » [1].

D'Holbach s'attaque donc au noyau de la conception finaliste, celle d'un dessein intelligent et délibéré. Il s'attaque ensuite l'attribut de bonté et de sagesse divine sur la base de la corruptibilité de la nature :

> On prétend que les animaux nous fournissent une preuve convaincante d'une cause puissante de leur existence ; on nous dit que l'accord admirable de leurs parties, que l'on voit se prêter des secours mutuels afin de remplir leurs fonctions et de maintenir leur ensemble, nous annonce un ouvrier qui réunit la puissance à la sagesse. Nous ne pouvons douter de la puissance de la nature ; elle produit tous les animaux que nous voyons, à l'aide des combinaisons de la matière, qui est dans une action continuelle ; l'accord des parties de ces mêmes animaux est une suite des lois nécessaires de leur nature et de leur combinaison ; dès que cet accord cesse, l'animal se détruit nécessairement. Que deviennent alors la sagesse, l'intelligence, ou la bonté de la cause prétendue à qui l'on faisait honneur d'un accord si vanté ? Ces animaux si merveilleux, que l'on dit être les ouvrages d'un Dieu immuable, ne s'altèrent-ils point sans cesse, et ne finissent-ils pas toujours par se détruire ? Où est la sagesse, la bonté, la prévoyance, l'immutabilité d'un ouvrier qui ne paraît occupé qu'à déranger et briser les ressorts des machines qu'on nous annonce comme les chefs-d'œuvre de sa puissance et de son habileté ? [2].

---

1. D'Holbach, *Système de la Nature, ou Des Loix du monde Phyfique & du Monde Moral*, Londres MDCCLX, p. 149 (l'ouvrage, signé Mirabaud, Secrétaire perpétuel, et l'un des Quarante de l'Académie françoise, est en réalité de D'Holbach et paraît à Amsterdam). Dans son *Histoire de la nature et la théorie du Ciel* de 1755, Kant propose également une solution mécanique à l'origine des mouvements planétaires.

2. *Système de la nature...*, p. 151-152.

D'Holbach pense qu'il est en mesure de nier la thèse d'une nature produite par une cause distincte :

> *La nature n'est point un ouvrage* ; elle a toujours existé par elle-même ; c'est dans son sein que tout se fait ; elle est un atelier immense pourvu de matériaux, et qui fait les instruments dont elle se sert pour agir : tous ses ouvrages sont des effets de son énergie et des agents ou causes qu'elle fait, qu'elle renferme, qu'elle met en action. Des éléments éternels, incréés, indestructibles, toujours en mouvement, en se combinant diversement, font éclore tous les êtres et les phénomènes que nous voyons, tous les effets bons ou mauvais que nous sentons, l'ordre ou le désordre, que nous ne distinguons jamais que par les différentes façons dont nous sommes affectés, en un mot, toutes les merveilles sur lesquelles nous méditons et raisonnons. Ces éléments n'ont besoin pour cela que de leurs propriétés, soit particulières, soit réunies, et du mouvement qui leur est essentiel, sans qu'il soit nécessaire de recourir à un ouvrier inconnu pour les arranger, les façonner, les combiner, les conserver et les dissoudre.

Par conséquent, Dieu est une hypothèse inutile. Il faut redire qu'on a jamais vu de bon traité de biochimie ou de physique proposer, dans l'étude d'une interaction ou d'une réaction : *ici, c'est Dieu qui retient la Terre sur son orbe* ou bien : *et à ce moment là, Dieu met en route le cycle de Krebs…* D'Holbach s'attache ensuite à suggérer que Dieu serait de toute façon une hypothèse encombrante :

> Mais en supposant pour un instant qu'il soit impossible de concevoir l'univers sans un ouvrier qui l'ait formé et qui veille à son ouvrage, où placerons-nous cet ouvrier ? sera-t-il dedans ou hors de l'univers ? est-il matière ou mouvement ? ou bien n'est-il que l'espace, le néant, ou le vide ? Dans tous ces cas, ou il ne serait rien, ou il serait contenu dans la nature et soumis à ses lois. S'il est dans la nature, je n'y pense voir que de la matière en mouvement, et je dois en conclure que l'agent qui la meut est

corporel et matériel, et que par conséquent il est sujet à se dissoudre. Si cet agent est hors de la nature, je n'ai plus aucune idée du lieu qu'il occupe, ni d'un être immatériel, ni de la façon dont un esprit sans étendue peut agir sur la matière dont il est séparé [1].

D'Holbach dénonce ainsi le recours à un Dieu bouche-trou :

tous les effets que nous voyons découlent nécessairement de leurs causes soit que nous les connaissions, soit que nous ne les connaissions pas. Il peut bien y avoir ignorance de notre part, mais les mots Dieu, Esprit, Intelligence &c. ne remédieront point à cette ignorance [2].

D'Holbach énonce très clairement un principe de clôture causale en physique : on ne doit faire intervenir dans l'explication physique de l'univers que des entités, de structures, des dimensions, des variables et des paramètres physiques. Il souligne que nous sommes incapables de localiser l'action de l'ouvrier divin ou d'en comprendre les modalités.

D'Holbach résume :

il existe dans la nature des éléments propres à s'unir, s'arranger, se coordonner de manière à former des touts ou des ensembles susceptibles de produire des effets particuliers [...] des êtres diversement organisés, conformés d'une certaine façon, propres à certains usages, qui n'existeraient plus sous la forme qu'ils ont, si leurs parties cessaient d'agir comme elles font, c'est-à-dire, d'être disposées de manière à se prêter des secours mutuels [3].

---

1. *Système de la nature...*, p. 154.
2. *Système de la nature...*, p. 159, voir aussi la conclusion du chapitre, p. 163.
3. *Ibid.*, p. 151, note (36).

D'Holbach s'en tient donc à la formulation lucrétienne du « tel que, de manière à, susceptible de, propre à », par opposition à la rhétorique finaliste du « afin que, en vue de, pour … ».

Il est clair que la description des tissus, des organes, des particularités de certains organismes, ou du fameux flagelle bactérien peut toujours se faire en termes finalistes :

> *Les bactéries sont équipées d'un flagelle afin de se mouvoir dans leur environnement aqueux.*
> *Les cellules suivent le cycle de Krebs afin de pouvoir produire l'ATP nécessaire à la chaîne respiratoire.*

Mais ces descriptions finalistes peuvent être retournées en description mécaniste :

> *Les bactéries présentent un flagelle qui leur permet de se mouvoir dans leur environnement aqueux.*
> *Le cycle de Krebs permet aux cellules de produire l'ATP qui autorise un métabolisme respiratoire.*

Si D'Holbach s'avance beaucoup en affirmant que la nature a toujours existé éternellement par elle-même (thèse métaphysique très lourde), en revanche sa critique portant sur l'impossibilité de mettre en évidence par l'observation de la nature et la théorie physique un agent spirituel est parfaitement recevable. Et sa mise en garde contre les descriptions présupposantes reste d'actualité.

Cause-finalier = imbécile ?

On va évoquer maintenant comment Voltaire répond à « cet éloquent et dangereux passage du Système de la nature ». Voltaire entend railler l'abus des causes finales, mais il plaide pour un recours raisonnable à la finalité :

> Si une horloge n'est pas faite pour montrer l'heure, j'avouerai alors que les causes finales sont des chimères ; et je trouverai fort bon qu'on m'appelle cause-finalier, c'est-à-dire un imbécile.

Toutes les pièces de la machine de ce monde semblent pourtant faites l'une pour l'autre. Quelques philosophes affectent de se moquer des causes finales, rejetées par Épicure et par Lucrèce. C'est plutôt, ce me semble, d'Épicure et de Lucrèce qu'il faudrait se moquer. Ils vous disent que l'œil n'est point fait pour voir, mais qu'on s'en est servi pour cet usage quand on s'est aperçu que les yeux y pouvaient servir. Selon eux, la bouche n'est point faite pour parler, pour manger, l'estomac pour digérer, le cœur pour recevoir le sang des veines et l'envoyer dans les artères, les pieds pour marcher, les oreilles pour entendre. Ces gens-là cependant avouaient que les tailleurs leur faisaient des habits pour les vêtir, et les maçons des maisons pour les loger ; et ils osaient nier à la nature, au grand Être, à l'Intelligence universelle, ce qu'ils accordaient tous à leurs moindres ouvriers. Il ne faut pas sans doute abuser des causes finales. Nous avons remarqué qu'en vain M. le prieur, dans le *Spectacle de la nature*, prétend que les marées sont données à l'océan pour que les vaisseaux entrent plus aisément dans les ports, et pour empêcher que l'eau de la mer ne se corrompe. En vain dirait-il que les jambes sont faites pour être bottées, et les nez pour porter des lunettes.

Ayant mis les rieurs de son côté, Voltaire pense qu'il y a un critère objectif de finalité, c'est l'universalité des temps et des lieux :

Pour qu'on puisse s'assurer de la fin véritable pour laquelle une cause agit, il faut que cet effet soit de tous les temps et de tous les lieux. Il n'y a pas eu des vaisseaux en tout temps et sur toutes les mers ; ainsi l'on ne peut pas dire que l'Océan ait été fait pour les vaisseaux. On sent combien il serait ridicule de prétendre que la nature eût travaillé de tout temps pour s'ajuster aux inventions de nos arts arbitraires, qui tous ont paru si tard ; mais il est bien évident que si les nez n'ont pas été faits pour les besicles, ils l'ont été pour l'odorat, et qu'il y a des nez depuis qu'il y a des hommes. De même les mains n'ayant pas été données en faveur des gantiers, elles sont visiblement destinées à tous les usages que le métacarpe et les phalanges de nos doigts, et les mouvements du muscle circulaire du poignet, nous procurent [1].

Est-il possible de trancher entre la description mécaniste et la description finaliste (même réduite aux fonctions organiques et débarrassée des fantaisies du genre : les nez ont été faits pour les bésicles) ? Il ne suffit pas en effet de dénoncer l'abus des causes finales, comme le fait Voltaire, pour justifier les causes finales. Ce qui manque à Voltaire c'est d'opérer une distinction entre description naturaliste et interprétation métaphysique. Pour que le cause-finalier ne soit pas un imbécile, il doit distinguer les niveaux d'intervention des concepts de fin. Décrire un processus biologique comme s'accomplissant en vue de revient à introduire subrepticement dans la description de la nature un agent surnaturel. Dire que les poumons sont faits pour respirer (et non qu'ils servent à respirer), c'est dire quelque chose qui pourrait être métaphysiquement vrai (encore faudra-t-il définir les conditions de vérité d'un tel énoncé), mais qui manifestement excède le champ de l'histoire naturelle. La méthodologie du baron D'Holbach est certainement la plus rigoureuse, mais la métaphysique de Voltaire n'est pas nécessairement fausse.

La Théologie naturelle *de William Paley*

La *Théologie naturelle* de Paley est un texte de nature apologétique qui recourt tantôt à une argumentation rationnelle tantôt à des analogies discutables. Ce texte est devenu un symbole : rempart des créationnistes, cible des évolutionnistes. En dépit des attaques néo-lucrétiennes de D'Holbach, en dépit de la critique humienne de l'analogie des productions de la nature avec celles d'un artisan, et malgré les précautions

---

1. *Dictionnaire de philosophie*, édition de 1770, article « Causes finales », II.

kantiennes contre l'usage d'un principe de finalité objective,
William Paley (1743-1805) commence sa *Théologie naturelle*,
par ce célèbre passage :

> Supposez qu'en parcourant une lande, [...] j'aie trouvé *une
> montre* par terre, et qu'on s'enquière de savoir comment la
> montre est arrivée à cet endroit, je trouverais impensable de
> répondre que, pour autant que je sache, la montre pourrait avoir
> toujours été là. [...] Mais pourquoi ? [...] Pour cette raison, et
> pour nulle autre, à savoir que, en inspectant la montre, nous nous
> apercevons [...] que ses différentes parties sont conçues et
> assemblées dans une intention, que par exemple elles sont
> formées et ajustées de manière à produire un mouvement, et que
> ce mouvement est réglé de manière à indiquer l'heure de la
> journée ; et que, si les différentes parties avaient été ouvrées
> différemment de ce qu'elles ont été, d'une dimension différente
> de la leur, ou disposées d'une autre manière, ou dans n'importe
> quel autre ordre que celui où elles sont placées, alors aucun
> mouvement n'aurait pu être entretenu dans le dispositif, ou du
> moins aucun mouvement qui réponde à l'usage auquel il sert à
> présent [...] Cette inférence est, pensons-nous, inévitable : la
> montre doit avoir eu un fabriquant : il doit y avoir existé, à un
> moment donné, à un endroit ou à un autre, un artisan ou
> plusieurs qui l'ont fabriquée dans une intention, à laquelle nous
> trouvons qu'elle répond ; ils ont compris sa fabrication, et conçu
> son utilisation [1].

---

1. W. Paley, *Natural Theology; or, Evidences of the Existence and
Attributes of the Deity, collected from the appearances of nature*, 1802.
Dissipons un malentendu fréquent sur le terme de théologie naturelle. De saint
Augustin à Christian Wolff, la *theologia naturalis* désigne un discours portant
sur l'existence ou les attributs de Dieu qui fait appel à la seule «raison
naturelle». «Naturelle» s'oppose alors à «Révélée». Le XVIIIᵉ siècle, avec ses
cabinets de curiosités et ses spéculations physico-théologiques, pratique un
certain nombre de raccourcis épistémologiques qui conduiront à l'affrontement
polaire du matérialisme et du vitalisme. Mais en principe, la théologie naturelle

Nous avons déjà évoqué la critique de Dawkins contre Paley au cours de la précédente section. Le défaut de la présentation de William Paley est double : il ne justifie que partiellement l'analogie entre montre et organisme vivant, et prétend que sa conclusion est nécessairement valide. Il est clair que, sachant déjà ce qu'est une montre, ou trouvant dans la composition d'un objet inconnu de fortes ressemblances avec des artefacts connus, nous conclurions inévitablement que l'objet en question est visiblement *conçu pour quelque chose*, et donc qu'il a été *conçu par quelqu'un*. Cette conclusion n'aurait pourtant rien d'absolument nécessaire.

Quand nous imaginons un horloger ou un opticien fabriquant des instruments chronométriques ou optiques, nous pensons en termes d'individus équipés d'outils, d'instruments, de machines, interagissant physiquement avec des matériaux et des structures, dessinant, mesurant, ajustant, assemblant, ou programmant toutes ces opérations sur des automates existant physiquement. Rien de tel dans la formation d'un organisme vivant ou d'un organe tel que l'œil. Aucun biologiste sérieux ne se risquera à décrire la fabrication par un *Intelligent Designer* ou l'assemblage par un Grand Architecte des cônes et des bâtonnets qui tapissent le fond de l'œil. Nous partons d'un résultat (par exemple la structure admirablement performante de l'œil des vertébrés). A partir de là, nous essayons de remonter à des systèmes antécédents dont nous pouvons comprendre la transformation selon des lois de la nature (physiques, biochimiques, chimiques quantiques). Remonter à un agent immatériel, à une intelligence conceptrice, c'est faire de la métaphysique.

---

n'est pas condamnée à mélanger science et religion. *Cf.* notre *Qu'est-ce que la théologie naturelle ?*, Paris, Vrin, 2004.

La finalité, concept biologique ou métaphysique ?

On trouve la trace de cette tension chez Claude Bernard :

> le physicien et le chimiste peuvent repousser toute idée de
> causes finales dans les faits qu'ils observent ; tandis que le
> physiologiste est porté à admettre une finalité harmonique et
> préétablie dans le corps organisé dont toutes les actions
> partielles sont solidaires et génératrices les unes des autres [1].

Mais une telle dualité dans l'appréhension des phénomènes
observés ne conduit pas nécessairement à la notion d'irréducti-
bilité. Claude Bernard, tout physiologiste qu'il est, est même
prêt à parier sur une réduction du vital au physico-chimique :
« nous appelons vitales les propriétés organiques que nous
n'avons pas encore pu réduire à des considérations physico-
chimiques ; mais il n'est pas douteux qu'on y arrivera un jour ».
Le pari est audacieux. Il a le mérite de souligner que le terme
« irréductible » signifie bien souvent « que nous n'avons pas
(encore) pu réduire ». Pour autant, Claude Bernard n'enlève pas
toute pertinence à l'idée de « force vitale créatrice » ni à la
notion d'« idée directrice » essentielle au vivant. Serions-nous
en pleine schizophrénie du savant déchiré entre la médecine
expérimentale et l'interrogation métaphysique ? Voyons
comment Claude Bernard s'en explique :

> Tout dérive de l'idée ["force vitale créatrice, idée directrice"]
> qui elle seule, crée et dirige ; les moyens de manifestation
> physico-chimiques sont communs à tous les phénomènes de la
> nature et restent confondus pêle-mêle, comme les caractères de
> l'alphabet dans une boîte où une force va les chercher pour
> exprimer les pensées ou les mécanismes les plus divers ; ce qui
> caractérise la machine vivante, ce n'est pas la nature de ses

---

1. Cl. Bernard, *Introduction à l'étude de la médecine expérimentale*,
2e part., chap. II, § I, *op. cit.*, p. 233.

propriétés physico-chimiques si complexes qu'elles soient, mais bien la création de cette machine qui se développe sous nos yeux dans des conditions qui lui sont propres et d'après une idée définie, qui exprime la nature de l'être vivant et l'essence même de la vie [1].

En somme, selon Bernard, les notions de finalité, de direction ne relèvent pas de l'analyse physico-chimique. Ce sont des caractéristiques essentielles du vivant. Mais l'essence n'est pas objet des sciences naturelles. C'est l'objet de la métaphysique. Dans les *Leçons sur les phénomènes de la vie communs aux végétaux et aux animaux*, Claude Bernard affirme qu'il est anti-scientifique de tout expliquer par la force vitale, mais qu'il est anti-philosophique d'expliquer l'arrangement d'un corps vivant par « une rencontre fortuite de phénomènes physico-chimiques ». L'idée est la suivante : la finalité n'est pas un fait scientifiquement observable : « la cause finale n'intervient point comme loi de nature actuelle et efficace ». Pour autant, la négation de la finalité est « anti-philosophique », puisque la finalité est « une loi rationnelle de l'esprit » [2]. Claude Bernard nous invite à prendre acte d'un vide

1. Cl. Bernard, *Introduction à l'étude de la médecine expérimentale*, 2e part., chap. II, § I, *op. cit.*, p. 239-240.

2. Leçons..., 1878, Tome 1, Baillière, Paris 1885, p. 336-338, *cf.* p. 50, cette déclaration archi-créationniste : « car ce n'est pas une rencontre fortuite de phénomènes physico-chimiques qui construit chaque être sur un plan et suivant un dessin fixés et prévus d'avance [...] Il y a comme un dessin préétabli de chaque être et de chaque organe, en sorte que si, considéré isolément, chaque phénomène de l'économie est tributaire des forces générales de la nature, pris dans ses rapports avec les autres, il révèle un lien spécial, il semble dirigé par quelque guide invisible dans la route qu'il suit et amené dans la place qu'il occupe ». Mais Claude Bernard corrige plus loin : « On a cru qu'une pensée conforme à celle de l'homme dirigeait vers un but tous les rouages qui fonctionnent dans l'être organisé, et subordonnait à un effet futur déterminé les phénomènes qui se succèdent isolément. De sorte que cet effet final en vue duquel tous les phénomènes se coordonnent, devient rétroactivement la cause

intellectuel créé par l'abandon du concept de finalité :
« aujourd'hui les savants n'osent pas avouer qu'ils sont
téléologistes parce que ce sont des choses qui ne se démontrent
pas. Dans tous les cas on n'a rien mis à la place, et la place reste
vide »[1]. Mais ce n'est pas une invitation à remplir n'importe
comment ce vide : le cahier des charges d'une explication
métaphysique du vivant n'est pas le même que celui d'une
explication scientifique. Si l'un et l'autre doivent satisfaire à la
rigueur, ils ne mobilisent certainement pas les mêmes entités ni
les mêmes critères d'existence.

Un postulat indémontrable ?

C'est peut-être cette même prudence méthodologique qui
préside au « postulat d'objectivité de la Nature » que Jacques
Monod définit comme « le refus *systématique* de considérer
comme pouvant conduire à une connaissance « vraie » toute
interprétation des phénomènes donnée en termes de causes
finales, c'est-à-dire de « projet » ». Ce postulat « pur, à jamais
indémontrable » n'est pas une forme larvée d'élimination
métaphysique de la finalité, comme le précise Monod : « car il
est évidemment impossible d'imaginer une expérience qui
pourrait prouver la *non-existence* d'un projet, d'un but
poursuivi, où que ce soit dans la nature ». D'ailleurs Monod
lui-même s'empresse de reconnaître la pertinence d'une
description des êtres vivants en termes finalistes : « L'objectivité cependant nous oblige à reconnaître le caractère téléono-
mique des êtres vivants, à admettre que, dans leurs structures

directrice de ceux qui le précèdent. Ce qui apparaîtra comme un résultat serait un
but toujours présent sous forme d'anticipation idéale dans la série des
phénomènes qui le précèdent et le réalisent ; il serait une cause finale.
    C'est là une conception essentiellement métaphysique que l'on peut
accueillir à ce titre » (*Ibid.*, p. 338-339)
    1. Cl. Bernard, *Carnet de notes 1850-1860, De la téléologie*, p. 59.

et performances, ils réalisent et poursuivent un projet »[1]. Mais comment comprendre ces notions téléonomiques de « projet »? Nous voici devant une alternative. Ou bien le recours aux notions téléologiques est purement métaphorique, et ces notions sont en principe éliminables. Ce ne sont que des façons de parler commodes, des modes de désignation provisoire (les oiseaux ont des ailes pour voler). C'est ce qu'on appelle le « téléomentalisme ». En clair, ce terme pourrait être paraphrasé par : « la finalité, c'est dans la tête ! ». Ou bien ces notions sont pertinentes : on décrit et on explique des fonctions biologiques soit en termes cybernétiques (*téléonaturalisme*) soit en termes de normes de l'organisme. Pour autant on ne réhabilite pas les conceptions vitalistes de tendance, d'effort, de plan ou d'intention de la nature, etc. La fonction d'un trait morphologique ou d'une caractéristique biologique, c'est ce qui explique la présence ou le maintien de ce trait par le mécanisme de la sélection naturelle.

On peut ainsi envisager la notion de dessein naturel (de conception naturelle) :

> Un trait T est naturellement conçu pour réaliser X ssi : 1) X est une fonction biologique de T ; 2) T résulte d'un processus de changement de structure (anatomique ou comportementale) dû à la sélection naturelle, T étant plus optimal ou mieux adapté pour assurer X que des versions ancestrales de T[2].

Dans cette définition du *natural design* (comme dans la téléonomie de Monod), *design* n'est, au plan de l'objectivité scientifique, qu'une métaphore commode pour exprimer le fait que le remplacement d'un organisme ou d'un trait comportemental par un organisme ou un trait plus adapté fait penser à

---

1. J. Monod, *Le hasard et la nécessité*, Paris, Seuil, 1970, chap. 1, p. 37-38.
2. C. Allen, *Teleological Notions in Biology*, Stanford Encyclopedia of Philosophy, 2003.

une intervention délibérée en vue d'améliorer ou de réparer. Pourtant, tant qu'on en reste à la description et à l'explication biochimiques, les mécanismes à l'œuvre, les organismes et les traits comportementaux n'ont ni intelligence, ni dessein. Ce sont des objets inanimés ou des simples faits. L'interprétation finaliste, impliquant un véritable agent doué d'intention, ne sera recevable et discutable qu'à un autre niveau de description et d'explication : le niveau métaphysique, qu'il importe de distinguer soigneusement du niveau d'exploration scientifique. C'est faute de soigner cette distinction qu'emportés par leurs convictions, créationnistes et matérialistes veulent faire passer pour des thèses scientifiques ce qu'une prudente enquête métaphysique doit, le cas échéant, tenter d'établir.

TEXTES ET COMMENTAIRES

TEXTE 1

WILLIAM A. DEMBSKI
The logical underpinnings of Intelligent Design[1]

L'INFÉRENCE DU DESSEIN

Dans l'approche par Fisher de l'évaluation de la pertinence statistique, l'hypothèse du hasard est éliminée dès lors qu'un événement tombe dans un domaine d'exclusion spécifié à l'avance, et dès lors que ce domaine d'exclusion a une probabilité suffisamment faible comparée à l'hypothèse du hasard que l'on considère. Les domaines d'exclusion de Fisher constituent ainsi des schémas de distribution permettant l'élimination du hasard. Imaginez une flèche atteignant une cible. Pourvu que la cible soit suffisamment petite, le hasard ne fournit pas une explication plausible du fait que la flèche ait atteint la cible. Bien entendu, la cible doit être indiquée indépendamment de la trajectoire de la flèche. Des cibles mobiles qui seraient placées une fois que la flèche est arrivée ne comptent pas. (On n'a pas le

1. W. A. Dembski, « The logical underpinnings of Intelligent Design » [2, 3, 6], in *Debating Design From Darwin to DNA*, ed. William A. Dembski, M. Ruse, Cambridge University Press, 2004, 2006, p. 313-319, 323-327.

droit, par exemple, de dessiner une cible autour de la flèche une fois qu'elle s'est fichée).

En élargissant l'approche de Fisher à l'évaluation des hypothèses, notre inférence d'un dessein revient à généraliser la procédure du domaine d'exclusion, permettant d'éliminer le hasard. Dans l'approche de Fisher, si l'on veut éliminer le hasard du fait qu'un événement tombe dans un domaine d'exclusion, il faut que ce domaine d'exclusion soit identifié préalablement à la venue de l'événement. Ceci pour éviter le problème classique que les statisticiens appellent le flairage des données (*data snooping*) ou le tirage favorisé (*cherry picking*), autrement dit l'imposition après coup d'un schéma de distribution à un événement. Exiger que le domaine d'exclusion soit défini avant la venue d'un événement est une garantie contre l'attribution à cet événement d'une propriété artificielle qui n'exclurait pas véritablement qu'il se produise par hasard.

[…]

Réfléchissant sur le problème des phénomènes aléatoires et sur les espèces de schémas de distribution auxquels nous recourons en pratique pour éliminer la notion de hasard, j'ai remarqué un certain nombre de raisonnements qui revenaient régulièrement. Il s'agissait d'arguments portant sur les petites probabilités, raisonnements qui, du fait de modèles appropriés, ne permettaient plus seulement l'élimination d'une seule hypothèse faisant intervenir le hasard, mais carrément de faire le ménage de toutes les hypothèses faisant intervenir le hasard. Qui plus est, une fois débarrassé des hypothèses faisant intervenir le hasard, ces arguments permettaient de conclure à l'intervention d'une intelligence conceptrice.

Voici un exemple type. Supposez que deux auteurs – appelons les A et B – aient le pouvoir de produire exactement le même artefact – mettons X. Supposez en outre que produire X réclame tellement d'effort qu'il soit plus facile de copier X une fois X déjà produit, que de produire X à nouveaux frais. Ainsi, avant l'avènement de l'ordinateur, les tables de logarithmes étaient calculées à la main. Bien que le calcul des logarithmes n'ait rien d'ésotérique, c'est un processus fastidieux quand il est réalisé à la main. Cependant, une fois que le calcul a été effectué avec soin, nul besoin de le refaire.

Du coup, le problème rencontré par les éditeurs de tables de logarithmes était le suivant : après avoir dépensé tant d'efforts pour calculer ces logarithmes, rien n'empêchait un plagiaire de recopier tels quels ces logarithmes en prétendant tout simplement qu'il avait fait le calcul par lui-même, indépendamment. A moins que les résultats publiés ne soient assortis de protections contre le piratage. Pour résoudre ce problème, les éditeurs glissaient dans leurs tables de logarithmes des erreurs occasionnelles mais délibérées, erreurs qu'ils relevaient soigneusement pour eux-mêmes. Ainsi, dans une table de logarithmes précise jusqu'à la huitième décimale étaient glissées des erreurs occasionnelles sur la septième ou huitième décimale.

Ces erreurs servaient à piéger les plagiaires. En effet, même si les plagiaires pouvaient toujours prétendre qu'ils avaient calculé correctement les logarithmes en suivant mécaniquement un certain algorithme, ils ne pouvaient pas raisonnablement prétendre qu'ils avaient commis exactement les mêmes erreurs. Comme Aristote le remarque dans son *Ethique à Nicomaque* : « Il y a beaucoup de manières possibles de se tromper, [...] alors qu'il n'y en a qu'une de tomber juste ». Donc, quand deux éditeurs de tables de logarithmes fournissent les même résultats corrects, tous deux peuvent, au bénéfice du doute, être crédités d'avoir vraiment fait le travail de calcul. Mais si les deux publient les mêmes erreurs, il est parfaitement légitime de conclure que celui qui a publié en second a commis un plagiat.

Accuser de plagiat celui qui a publié en second, c'est aller bien sûr plus loin que se contenter d'éliminer l'explication par le hasard (le hasard qui en l'occurrence aurait été responsable de la production indépendante des mêmes erreurs). Accuser quelqu'un de plagiat, d'atteinte au droit d'auteur ou de contrefaçon, c'est conclure à une intention. Dans l'exemple de la table de logarithmes, les éléments cruciaux permettant de conclure à une intention étaient l'arrivée d'un événement hautement improbable (ici, l'obtention des mêmes chiffres erronés pour les septième et huitième décimales) confronté à la donnée indépendante d'un schéma de distribution ou spécification (le même schéma de distribution d'erreurs a été répété d'une table à l'autre) […]

LA COMPLEXITÉ SPÉCIFIÉE

[…] J'ai formalisé cette notion en tant que critère statistique permettant d'identifier les productions d'une intelligence. La complexité spécifiée, telle que je la développe, est une notion subtile qui incorpore cinq ingrédients principaux : 1) une version probabiliste de la complexité applicable aux événements ; 2) des schémas de distributions indépendants quant à leurs conditions ; 3) les ressources probabilistes, qui se présentent sous deux formes, réplicatrice et spécificatrice ; 4) une version spécificatrice de la complexité, applicable aux modèles ; et 5) une limite universelle de probabilité. Considérons-les brièvement.

La complexité probabiliste. On peut concevoir la probabilité comme une forme de complexité. Pour ce faire, considérons une serrure à combinaison. Plus il y a de combinaisons possibles, plus le mécanisme de la serrure est complexe et plus il sera improbable que le mécanisme soit ouvert par hasard. Par exemple, une serrure dont le nombre à composer est compris entre 0 et 39 et qui doit être tournée alternativement dans 3 sens aura 64 000 (= 40 x 40 x 40) combinaisons possibles. Ce chiffre donne une mesure de la complexité de la serrure à combinaison, mais il correspond aussi à une probabilité de 1/64 000 que la serrure soit ouverte par hasard. Une serrure à combinaison plus sophistiquée, dont le nombre à composer est compris entre 0 et 99, et qui doit être tournée alternativement dans 5 sens aura 10 000 000 000 (= 100 x 100 x 100 x 100 x 100) combinaisons possibles et ainsi une probabilité de 1/10 000 000 000 d'être ouverte par hasard. Par conséquent la probabilité et la complexité varient en raison inverse : plus la complexité est grande, plus la probabilité est faible. La « complexité » dont il s'agit quand je parle de « complexité spécifiée » renvoie à cette détermination probabiliste de la complexité.

Des distributions conditionnellement indépendantes. Les distributions qui, du fait de leur complexité ou de leur improbabilité, impliquent une intelligence conceptrice doivent être indépendantes de l'événement dont la conception intelligente est en question. Point crucial : les distributions ne doivent pas être imposées artificiellement aux événements après coup. Par exemple, si un archer tire des flèches sur un mur et qu'ensuite nous peignons des cibles autour des flèches de sorte que les flèches sont fichées exactement dans le mille, nous imposons une distribution après coup. De telles distributions ne sont pas indépendantes de la trajectoire de la flèche. En revanche, si les cibles sont installées à l'avance (si elles sont « spécifiées ») et qu'ensuite l'archer les atteint avec précision, nous saurons que ce n'était pas par hasard mais par intention. On caractérise cette indépendance de distribution au moyen de la notion probabiliste d'indépendance conditionnelle. Une distribution est conditionnellement indépendante d'un événement si en ajoutant notre connaissance de cette distribution à l'hypothèse que cet événement se produira par hasard, la probabilité de l'événement reste inchangée. La « spécification » dont il s'agit quand je parle de « complexité spécifiée » renvoie à ces distributions conditionnellement indépendantes. Voilà pour les spécifications.

Ressources probabilistes. La notion de « ressources probabilistes » renvoie aux nombre d'opportunités qu'un événement se produise ou soit spécifié. Un événement apparemment improbable peut devenir très probable une fois qu'ont été prises en compte ses ressources probabilistes. Mais il peut aussi rester improbable même après qu'on a pris en compte toutes les ressources probabilistes disponibles. Il y a deux formes de ressources probabilistes : les réplicatives et les spécificatrices. Les « ressources réplicatives » renvoient au nombre de possibilités qu'un événement a de se produire. Les « ressources spécificatrices » renvoient au nombre de possibilités que l'événement a d'être spécifié.

Afin de voir ce qui est en jeu avec ces deux types de ressources probabilistes, imaginez un long mur sur lequel on a peint N cibles de taille identique et qui ne se chevauchent pas. Imaginez que vous avez M flèches dans votre carquois. Posons que la probabilité d'atteindre par hasard d'un seul coup une cible donnée soit p. Alors, la probabilité d'atteindre par hasard, d'une seule flèche, l'une quelconque de ces N cibles prises collectivement est limitée par Np, et la probabilité de toucher par hasard n'importe laquelle de ces N cibles avec au moins une de vos M flèches aura comme limite inférieure MNp. Dans cet exemple, le nombre de ressources réplicatives correspond à M (le nombre de flèches dans votre carquois), le nombre de ressources spécificatrices correspond à N (le nombre de cibles peintes sur le mur), et le total des ressources probabilistes est de MN. Pour qu'un événement spécifié de probabilité p puisse être raisonnablement attribué au hasard, il faut que MNp ne soit pas trop petit.

Complexité spécificatrice. Les distributions condition-nellement indépendantes qui jouent le rôle de spécifications présentent des degrés variables de complexité. Ces degrés sont relatifs à des agents personnels ou computationnels – que je désigne sous le terme générique de « sujets ». Ces sujets éva-luent le degré de complexité de ces distributions à la lumière de leurs capacités cognitives et computationnelles et du *back-ground* de connaissances. Le degré de complexité d'une spécification est donné par le nombre de ressources spécifi-catrices qui doivent être prises en compte pour fixer le seuil d'improbabilité nécessaire à l'élimination du hasard. Plus la distribution est complexe, plus grand sera le nombre de ressources spécificatrices à prendre en compte.

Pour faire voir de quoi il retourne, imaginez un lexique comprenant $100\,000$ $(= 10^5)$ concepts de base. Il y aura alors 10^5 concepts de niveau 1, 10^{10} concepts de niveau 2, 10^{15} concepts de niveau 3, et ainsi de suite. Si « bi-directionnel », « rotatif », « motorisé » et »propulseur » sont des concepts de base, alors le flagelle d'une bactérie peut être caractérisé comme concept de niveau 4 de la forme « propulseur motorisé rotatif bi-directionnel ». Or, il y a environ $N = 10^{20}$ concepts de niveau inférieur ou égal à 4, qui représentent ici les ressources spécificatrices pertinentes. Si p est la probabilité que le flagelle bactérien se forme par hasard, désignons par N les cibles d'une formation par hasard du flagelle bactérien, étant donné que la probabilité de toucher chacune des cibles ne dépasse pas p. Prendre en compte ces N ressources spécificatrices, revient à établir si la probabilité d'atteindre une de ces cibles par hasard est faible, ce qui revient à montrer que Np est faible (*cf.* section précédente sur les ressources probabilistes).

Limite universelle de probabilité. Dans l'univers observable, les ressources probabilistes sont limitées. A l'intérieur de l'univers physique connu, on estime à 10^{80} le nombre de particules élémentaires. En outre, les propriétés de la matière sont telles que les transitions d'un état physique à un autre ne peuvent pas se produire à une fréquence supérieure à 10^{45} par seconde. Cette fréquence correspond au temps de Planck, qui constitue la plus petite unité de temps significative en physique. Enfin, l'univers est lui-même environ un milliard de fois plus jeune que 10^{25} secondes (on suppose que l'univers a entre 10 et 20 milliards d'années). Si on suppose à présent que la spécification d'un événement à l'intérieur de l'univers physique connu réclame au moins une particule élémentaire pour qu'il soit spécifié et qu'il ne peut pas être produit en moins de temps que le temps de Planck, alors il résulte de ces contraintes cosmologiques que le nombre total d'événements spécifiés dans l'univers au cours de toute l'histoire cosmique ne peut dépasser

$$10^{80} \times 10^{45} \times 10^{25} = 10^{150}.$$

Par conséquent, tout événement spécifié d'une probabilité inférieure à 1 pour 10^{150} restera improbable même après qu'on aura pris en compte toutes les ressources probabilistes concevables de l'univers observables. La probabilité de 1 pour 10^{150} est donc la *limite universelle de la probabilité*.

[…]

Pour que quelque chose soit reconnue comme une complexité spécifiée, il faut qu'elle ait une distribution conditionnellement indépendante (*i.e.* une spécification) correspondant à un événement dont la probabilité est inférieure à la limite universelle de probabilité. La complexité spécifiée est un critère largement utilisé pour détecter une intention. Par exemple, lorsque des chercheurs du programme de *Recherche d'intelligence Extra-Terrestre* cherchent à identifier des signes d'intelligence dans l'espace, ils recherchent des traces de complexité spécifiée. (On peut penser ici au film *Contact*, dans lequel la communication est établie à partir du moment où une longue suite de nombres premiers est détectée en provenance de l'espace : une telle suite présente un caractère de complexité spécifiée).

APPLICATION A LA BIOLOGIE ÉVOLUTIONNISTE

La biologie évolutionniste enseigne que toute la complexité biologique est le résultat de mécanismes matériels. Ceux-ci comprennent principalement le mécanisme darwinien de la sélection naturelle et de la variation aléatoire, mais aussi d'autres mécanismes (la symbiogénèse, le transfert des gènes, la dérive génétique, l'action des gènes régulateurs du développement, les processus d'auto-organisation, etc.). Ces mécanismes sont simplement des mécanismes sans intention (*mindless*) qui font ce qu'ils font sans égard pour la moindre conception intelligente. Assurément, une intelligence serait capable de programmer de tels mécanismes. Mais cette programmation des mécanismes de l'évolution par une intelligence ne fait pas partie de la biologie évolutionniste.

La théorie de l'*Intelligent Design*, en revanche, enseigne que la complexité biologique n'est pas exclusivement le résultat de mécanismes matériels, mais qu'elle a besoin d'une intelligence, laquelle n'est pas réductible à ces mécanismes. La question cruciale n'est pas celle de la parenté de tous les organismes, c'est-à-dire de ce qu'on appelle leur filiation commune. En réalité, la théorie de l'*ID* est parfaitement compatible avec cette filiation commune. La question cruciale est plutôt de savoir comment la complexité biologique a émergé et si une intelligence a pu jouer un rôle indispensable (ce qui ne veut pas dire exclusif) dans cette émergence.

Supposons donc, pour l'argument, qu'une intelligence – qui soit irréductible à des mécanismes matériels – ait effectivement joué un rôle décisif dans l'émergence de la complexité et de la diversité biologique. Comment pourrions-nous le savoir? Certainement en recourant à la notion de «complexité spécifiée». En fait, si cette complexité spécifiée est inapparente ou douteuse, la porte restera grand ouverte pour une explication en termes de mécanismes matériels. C'est seulement à partir du moment où l'on peut affirmer qu'on est en présence d'une complexité spécifiée que la porte commence à se fermer pour l'explication mécaniste et matérialiste.

Et pourtant, la biologie évolutionniste enseigne qu'à l'intérieur de la biologie, cette porte ne saurait rester fermée et qu'en fait elle doit toujours rester ouverte. En fait, les biologistes évolutionnistes prétendent avoir démontré que la notion de conception (*design*) est superflue pour comprendre la complexité. Mais la seule manière de le démontrer vraiment, ce serait d'exposer les mécanismes matériels qui rendent compte des diverses formes de complexité biologique. A ce moment là, si pour chaque cas de complexité biologique, on pouvait aussitôt exhiber un mécanisme qui puisse en rendre compte, la théorie de l'*ID* tomberait en dehors de la discussion. Le rasoir d'Occam, en proscrivant les causes superflues, permettrait alors d'en finir proprement avec la théorie de l'*ID*.

Ce n'est pas ce qui s'est produit. Pourquoi donc? La raison en est qu'il y a plein de systèmes biologiques complexes pour lesquels aucun biologiste ne peut prétendre avoir le moindre indice de la manière dont ils ont émergé. […] Pour voir ce qui est en jeu, considérons la manière dont les biologistes se proposent d'expliquer l'émergence du flagelle bactérien, ce moteur moléculaire qui est devenue la mascotte du mouvement en faveur de l'*ID*.

Au cours de conférences publiques, le biologiste Howard Berg de Harvard a parlé du flagelle bactérien comme du « moteur au rendement le plus élevé de l'univers » ; ce flagelle est un propulseur motorisé par nano-ingénierie qui se trouve à l'arrière de certaines bactéries. Il tourne à 10 000 tours minutes, peut changer de direction en un quart de tour, et propulse la bactérie dans son environnement aqueux. Selon la biologie évolutionniste, il a dû émerger par le moyen de mécanismes matériels. Soit, mais comment ?

Le scénario standard est que le flagelle est composé de parties qui ont été auparavant ciblées (*targeted*) pour d'autres usages et que la sélection naturelle a fini par coopter pour former le flagelle. Cela paraît acceptable, du moins jusqu'au moment où on entre dans les détails. Car les seuls exemples bien attestés d'un assemblage qui fonctionne correctement nous viennent de l'ingénierie humaine. Par exemple un ingénieur électricien peut assembler des composants empruntés à un four micro-ondes, à une radio, et à un écran d'ordinateur de façon à créer un écran de télévision. Auquel cas, nous sommes en présence d'un agent intelligent qui s'y connaît parfaitement en gadgets électroniques et particulièrement en télévisions.

La sélection naturelle, elle, ne connaît absolument rien aux flagelles bactériens. Dès lors, comment fera-t-elle pour prélever des segments de protéines existantes et les assembler pour former un flagelle ? Le problème est que la sélection naturelle ne peut sélectionner que sur la base de fonctions préexistantes. Elle peut, par exemple, sélectionner des becs de pinson plus larges lorsque les noix deviennent plus difficiles à ouvrir. Dans ce cas, le bec de pinson est déjà en place, et la sélection naturelle se contente d'améliorer sa fonctionnalité actuelle. La sélection naturelle peut même adapter une structure préexistante à une nouvelle fonction : par exemple, elle peut, à partir de becs de pinson adaptés à l'ouverture des noix, arriver à des becs adaptés à la consommation d'insectes.

En revanche, la possibilité qu'une structure comme le flagelle bactérien résulte de tels assemblages n'est pas une simple affaire d'élargissement de la fonction d'une structure déjà existante ou de réaffectation d'une structure existante à une fonction différente : il s'agit d'affecter de multiples structures, jusque là adaptées à différentes fonctions, à une nouvelle structure présentant une nouvelle fonction. Même le flagelle bactérien le plus rudimentaire a besoin d'environ quarante protéines pour l'assemblage de sa structure. Toutes ces protéines sont indispensables au sens où, en l'absence de l'une d'elles, un flagelle en état de marche ne peut être produit.

La seule façon pour la sélection naturelle de former une telle structure par assemblage sélectif serait alors d'incorporer (*enfold*) des segments de protéines existantes à l'intérieur de structures en développement et dont les fonctions évolueraient en même temps que ces structures. Imaginons par exemple, un piège à souris constitué de cinq parties : une planchette, un ressort, un clapet, une tige de verrouillage et un étrier. Son évolution serait la suivante : on commence par un butoir de porte (donc par la planchette pure et simple), puis celle-ci évolue en pince à cravate (en attachant le ressort et le clapet à la planchette), et devient pour finir une souricière (en intégrant aussi une tige et un étrier).

Un critique de la théorie du Dessein, Kenneth Miller, estime de tels scénarios non seulement tout à fait plausibles mais même profondément pertinents en biologie (il présente lui-même régulièrement un piège à souris modifié au moyen d'une cravate à épingle). Les défenseurs de l'*ID* trouvent ces scénarios grotesques. Voici pourquoi. D'abord, dans de tels scénarios, la conception et l'intention humaine interviennent à tout bout de champ. Les biologistes évolutionnistes nous assurent qu'ils vont probablement découvrir comment le processus évolutionniste fait pour emprunter les étapes appropriées et nécessaires sans l'intervention d'une conception intelligente. Mais des assurances de ce genre présupposent qu'on peut faire l'économie de l'intelligence pour expliquer la complexité biologique. Pourtant, les seuls cas probants que nous ayons d'assemblage performant (*successful co-optation*) nous viennent de l'ingénierie et confirment le caractère indispensable de l'intelligence dans l'explication de structures complexes telles qu'une souricière, et par conséquent (*by implication*) d'un flagelle bactérien. On sait que l'intelligence a la capacité de produire de telles structures. On attend encore d'avoir la même certitude pour les mécanismes matériels qu'on nous promet.

L'autre raison pour laquelle les théoriciens de l'*ID* ne sont pas impressionnés par l'assemblage mécanique tient à une limitation inhérente au mécanisme darwinien. Tout l'intérêt du mécanisme de la sélection darwinienne, c'est qu'il permet de se rendre de n'importe quel point de l'espace des configurations biologiques à n'importe quel autre, pourvu qu'on fasse des petits pas. Mais de quelle ampleur au juste? Suffisamment petits pour qu'ils soient raisonnablement probables. Mais alors quelle garantie a-t-on qu'une séquence de mini-pas puisse relier deux points quelconque dans un espace de configuration?

Le problème n'est pas seulement un problème de connexion. Pour que le mécanisme darwinien de sélection puisse relier un point A au point B dans cet espace de configuration, il ne suffit pas qu'existe simplement une séquence de mini-pas qui les relie. Il faut encore que chaque mini-pas présente d'une manière ou une autre un avantage sélectif.

En termes biologiques, chaque étape exige une adaptation mesurée en termes de capacité de survie et de taux de reproduction. En fin de compte, la sélection naturelle est la force motrice qui est derrière chaque mini-déplacement, et elle ne sélectionne que ce qui est avantageux à l'organisme. Par conséquent, pour que le mécanisme darwinien puisse relier deux organismes, il doit y avoir entre eux une séquence de mini-étapes avantageuse.

Richard Dawkins (1996) compare l'émergence de la complexité biologique à l'ascension d'une montagne, à laquelle il donne le nom de Mont Improbable. Selon lui, il existe toujours un chemin qui serpente graduellement, qui peut être parcouru par mini-étapes, et qui conduit au sommet du Mont Improbable. Mais cette prétention est loin d'être étayée par l'expérience. En réalité, elle est purement gratuite. Il se pourrait que, par nature, le Mont Improbable soit abrupt sous toutes ses faces et qu'il soit effectivement impossible d'arriver au sommet en partant de la base par des mini-étapes. Un tel fossé résiderait dans la nature elle-même et non dans notre connaissance de la nature (en d'autres termes, on n'aurait pas recours à un Dieu bouche-trou). Par conséquent, il ne suffit pas du tout de présupposer qu'une séquence de mini-étapes gagnant chacune un avantage adaptatif supplémentaire relie deux systèmes biologiques : cela nécessite une démonstration. [...]

Il y a une autre raison de se montrer sceptique par rapport à la stratégie globale employée par la biologie évolutionniste pour triompher de la théorie de l'*ID*, qui consiste à se tourner vers des mécanismes matériels inconnus. Dans le cas du flagelle bactérien, ce qui maintiendrait la biologie évolutionniste à flot serait la possibilité que des cheminements darwiniens indirects puissent en rendre compte. En pratique, cela veut dire que même si la variation légère d'un flagelle bactérien ne lui permet pas de continuer son rôle de structure de propulsion motrice, cette petite variation devrait pouvoir remplir une autre fonction. Or on dispose actuellement de plus en plus de cas prouvant qu'une légère variation du système biologique ne détruit pas seulement la fonction actuelle qu'il exerce, mais compromet toute possibilité de fonctionnement du système, quelle qu'elle soit. Les cheminements darwiniens, qu'ils soient directs ou indirects, seraient donc incapables d'expliquer ces systèmes biologiques. Auquel cas, on aurait bien affaire à un argument de principe selon lequel non seulement aucun mécanisme matériel connu ne peut rendre compte du système, mais encore aucun mécanisme matériel inconnu ne pourrait y parvenir. Dans ce genre de cas, la possibilité qu'on est en présence d'une complexité spécifiée serait encore plus grande que dans le cas du flagelle bactérien. [...]

Considérons, par exemple, un espace de configuration comprenant toutes les séquences de caractères qui peuvent être obtenues à partir d'un alphabet donné (des espaces de ce genre permettent de modéliser non seulement les textes écrits, mais également des polymères comme l'ADN, l'ARN et les protéines). Des espaces de configuration comme celui-ci sont parfaitement homogènes, une chaine de caractères étant géométriquement interchangeable avec la suivante. Dans ces exemples, pour générer de la complexité spécifiée, ce ne sont pas des mécanismes matériels qui sont requis mais une information sémantique extra-matérielle (dans le cas de textes écrits) ou une information fonctionnelle (dans le cas des biopolymères). Prétendre montrer que cette information sémantique ou fonctionnelle se réduit à des mécanismes matériels, cela revient à dire que les lettres du Scrabble ont en elles-mêmes des dispositions préférentielles à être séquencées de telle ou telle manière. Ce qui est faux.

COMMENTAIRE

Le texte que nous venons de traduire est assez emblématique de la stratégie du créationnisme de l'*Intelligent Design*. Il prétend fermer la porte à l'explication en termes de mécanismes matériels. Comment ? A partir de considérations assez classiques sur les probabilités, Dembski prétend qu'il est possible d'identifier l'intervention d'une intelligence dans les phénomènes naturels. Il s'en prend à l'imperméabilité des savants au « dessein » qui est à l'œuvre, selon lui, dans la production des formes vivantes : « Pour beaucoup de savants, la conception intentionnelle (*design*), définie comme l'action d'un agent intelligent, n'est pas une force créatrice fondamentale de la nature. Au contraire, ils estiment que des mécanismes matériels, caractérisés par le hasard et la nécessité et gouvernés par des lois inviolables suffisent à réaliser tout ce que la nature crée. La théorie darwinienne illustre ce rejet de la conception. Mais comment savons-nous, demande Dembski, que la nature ne requiert aucune aide d'une intelligence conceptrice (*designing intelligence*) ? »[1]. Dembski prétend relever le défi posé par Darwin lui-même : « si l'on arrivait à démontrer qu'il existe un organe complexe qui n'ait pas pu se former par une

---

1. *The logical Underpinnings of Intelligent Design*, art. cit., p. 311.

série de nombreuses modifications graduelles et légères, ma théorie ne pourrait plus certes se défendre »[1].

Le match est donc engagé entre une explication qui recourt aux seuls mécanismes matériels et aux lois biologiques, et une explication qui fait appel, en outre, à l'intervention d'un agent intelligent. Le coup d'envoi est donné : mais s'est-on mis d'accord sur le nombre de joueurs, sur les règles du jeu, et pour commencer, sur la délimitation du terrain ? C'est ce qu'il faudra vérifier avec soin.

L'élimination du hasard au moyen des « domaines d'exclusions spécifiés à l'avance »

L'ambition de Dembski est donc de parvenir à inférer l'intervention d'une intelligence conceptrice à l'œuvre dans la nature, sur la base de données biologiques, en spéculant sur l'impossibilité d'expliquer par le seul hasard l'émergence d'organismes complexes. « Attribuer un événement à un dessein, c'est dire qu'il n'est pas vraisemblable de le faire dépendre d'une loi ou du hasard (*it cannot plausibly be referred to law or chance*) »[2]. Pour ce faire, Dembski entreprend d'éliminer la notion d'aléatoire (*randomness*) : « L'aléatoire est une notion relative, relative à un ensemble déterminé de schémas de prédiction. Par conséquent, l'aléatoire n'est pas quelque chose de fondamental ou d'intrinsèque mais quelque chose qui dépend de, est subordonné à un ensemble sous-jacent

---

1. Darwin, L'Origine des espèces, Paris, GF-Flammarion, 1992, p. 241-242. Texte anglais, Penguin Classics 1985 : « my theory would absolutely break down », p. 219.

2. *Cf.* William A. Dembski *The Design Inference : Eliminating Chance through small probabilities*, Cambridge, Cambridge University Press, 1998, p. 98.

de schémas de distribution ou à un dessein»[1]. Avant de proposer son «inférence à une conception (*design inference*)», Dembski réfléchit sur les résultats possibles d'une séquence de 100 lancers de pièce. Le chiffre 1 désigne le résultat «face», et 0 représente «pile» :

(A) 1100001101011000110111111101000110001101100111 0111
0001100100001011110111011001111101001010010101 1110

(B) 111111111111111111111111111111111111111111111111111
000000000000000000000000000000000000000000000000000

«Chacune des deux séquences, remarque justement Dembski, est également improbable (ayant une probabilité de 1 sur 2^{100}, soit, approximativement, de 1 sur 10^{30})». Dembski nous révèle alors un fait : «La première séquence a été produite en lançant une pièce non truquée, alors que la seconde a été produite artificiellement». Ce qu'on est prêt à admettre : on imagine en effet sans mal la situation (de même avec un jeu de cartes rangées en ordre décroissant As, Roi, Dame, … et Pique Cœur carreau…). Mais Dembski ajoute : «Pourtant, même si nous ignorions tout de l'histoire causale des deux séquences, il est clair que nous considérerions la première comme plus aléatoire que la seconde. Lorsqu'on lance une pièce, on s'attend à ce que les pile et les face se mélangent. On ne s'attend pas à voir une parfaite série de face suivie d'une parfaite série de pile. Une telle séquence ne présente pas une distribution représentative du hasard.

En pratique, nous considérons l'aléatoire pas seulement en termes de schémas de distribution alternativement suivis et non suivis, mais aussi en termes de distributions qui sont soit faciles soit difficiles à obtenir par hasard. Quelles sont donc les distributions qui sont difficiles à obtenir par hasard et que, en pratique, nous utilisons pour éliminer le hasard ? ».

Le sophisme du joueur

Dembski semble commettre ici l'erreur communément désignée sous le nom de sophisme du joueur (*gambler's fallacy*). Il est vrai que la belle symétrie de la distribution de (B) nous paraît plus remarquable que la série (A). Nous avons naturellement tendance à la considérer commme moins aléatoire que la première. Il se trouve que, dans le scénario proposé par Dembski, c'est le cas, puisqu'il est stipulé que la première séquence a été produite par le lancer d'une pièce non biaisée, alors que la seconde résulte d'un arrangement. Et pourtant, comme Dembski le reconnaît (heureusement) lui-même, la série (A) n'est pas moins rare : elles ont l'une et l'autre rigoureusement la même probabilité ! En pratique, nous considérerions que (B) est plus vraisemblablement due à un arrangement artificiel et que personne n'est intervenu pour constituer (A). C'est bien ce que nous ferions spontanément. Mais nous aurions tort de considérer que la distribution (B) est plus difficile à obtenir par hasard que la série (A). Ce serait commettre le sophisme du joueur, qui s'imagine, à tort, qu'il est plus rare ou plus difficile de faire 50 fois pile puis 50 fois face que telle séquence tout aussi précisément déterminée, mais noyée dans l'anonymat apparemment irrégulier des pile et des face !

Il est clair que dans ce cas, la séquence (A) est désavantagée par rapport à (B) : on n'identifie pas (A) au premier coup d'œil comme un arrangement artificiel. Pourtant, on imagine sans peine que la séquence (B) pourrait être la combinaison cryptée d'un coffre-fort, bien plus efficace d'ailleurs que (B) (tout comme 7491 est un code qui protège mieux votre carte bancaire que votre année de naissance ou 0000). Bref, si au premier coup d'œil, la série (B) semble le fruit d'un arrangement, contrairement à la série (A), rien ne justifie l'affirmation selon laquelle (B) serait «plus difficile à produire par hasard» que (A). Dans la suite de son argumentation, Dembski ne commet plus le sophisme du joueur. Alors pourquoi le commet-il ici? Peut-être pour inciter son lecteur à chercher un dessein, une intention, un arrangement délibéré, là où les statistiques sont muettes. Il semble que la perspective du créationnisme recoure souvent à ce procédé, qui est d'insister sur les réflexes qui nous conduisent à éliminer l'hypothèse du hasard. En fait, Dembski corrige lui-même le sophisme du joueur en introduisant la notion de spécification préalable. Les deux exemples qu'il propose sont éclairants.

Si vous décochez une flèche en direction d'un mur sans avoir annoncé à l'avance quel endroit précis vous visiez, il vous est facile de crier: «Dans le mille! c'est exactement le point que je voulais atteindre!». Car vous pourriez faire la même déclaration sans avoir visé du tout. Si en revanche, vous annoncez avant de décocher la flèche que vous visez la mouche posée sur la quatrième brique en partant de la gauche, et que vous l'atteignez, il sera difficile d'affirmer que vous l'avez atteinte par hasard. A moins que vous ne vous y soyez pris n'importe comment, et que votre succès apparaisse alors comme un accident (vous avez glissé, décoché la flèche par inadvertance, sans viser), ou que la cible soit de toute façon impossible à rater (une énorme mouche, immobile à dix centimètres devant votre arc déjà bandé dans la bonne direction).

Le paradoxe de Bertrand

Toutes ces spéculations supposent qu'il est possible d'évaluer a priori la probabilité d'atteindre la cible. En philosophie des probabilités, un principe appelé principe d'indifférence stipule que, toutes choses égales par ailleurs, on doit évaluer cette probabilité sans privilégier aucune des trajectoires possibles de la flèche. On pourrait imaginer de diviser le mur en n zones de surface égale contiguës, et en supposant que la flèche atteindra le mur, attribuer a priori à chacune de ces zones une probabilité d'être touchée égale à $1/n$. Cette modélisation apparemment acceptable se heurte au paradoxe formulé par Joseph Bertrand (mathématicien français, 1822-1900). Ce paradoxe compromet l'assignation de probabilités a priori. Examinons brièvement ce paradoxe. Quelle est la probabilité, demande Bertrand, qu'une corde quelconque ([AB] ou [CD] ou [EF]) d'un cercle (c) de rayon = 1 soit plus petite que $\sqrt{3}$ (c'est-à-dire la longueur du côté du triangle équilatéral inscrit à ce cercle) ?

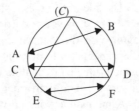

Pour déterminer cette probabilité, on peut considérer les cordes qui partent d'un des sommets du triangle équilatéral inscrit dans le cercle. Toutes celles qui interceptent le côté opposé du triangle seront plus longues que $\sqrt{3}$. Or au point de naissance de ces cordes, il semble bien qu'il y ait trois secteurs angulaires égaux de $\pi/3 = 60°$ chacun, dont seul celui du milieu permette aux cordes d'intercepter le triangle. Comme on peut faire ce raisonnement pour chaque point du cercle, il semble bien a priori que seule une corde sur trois dépasse la longueur de $\sqrt{3}$.

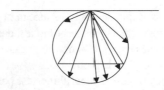

Hélas, il y a au moins une autre manière de définir l'espace des possibles! Par exemple celle-ci: dans le demi cercle inférieur, la base du triangle semble partager exactement deux régions, l'une où les cordes parallèles à cette base sont plus longues que la base, et l'autre (entre la base du triangle et le bord du cercle) où les cordes sont plus courtes. La répartition semble alors être tout simplement de une sur deux!

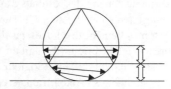

Nous voici donc avec une nouvelle distribution de l'espace des probabilités: une corde sur deux dépasserait √3.

D'autres méthodes, apparemment tout aussi fondées, suggèrent d'autres répartitions des cordes possibles.

Ainsi, le paradoxe de Bertrand fragilise les raisonnements qui reposent sur l'assignation de probabilités a priori. Il faut le souligner: si déjà la simple question de la répartition a priori des cordes d'un cercle tracées au hasard pose problème, que dire de la répartition dans l'espace des molécules, des acides aminés, des protéines? Dès lors, comment poursuivre «l'élimination du hasard au moyen des petites probabilités»? Tout le raisonnement repose sur la possibilité d'attribuer des probabilités a priori, par exemple à la formation d'une protéine donnée. Mais surtout, le raisonnement introduit une alternative à la méthode de l'explication en sciences de la nature: au lieu de ne faire intervenir que des facteurs mécaniques, des entités naturelles, des processus physico-chimiques, des phénomènes biologiques, il invite des « intelligences », des « intentions » ou des « desseins ». C'est tout le problème.

L'exemple des tables de logarithmes est particulièrement instructif. Il revient à suggérer qu'un événement improbable peut trahir une intention. L'auteur d'une table de logarithmes qui prétendrait avoir fait les calculs lui-même mais qui reproduirait les mêmes erreurs sur la septième ou huitième décimale que celles qui ont été volontairement introduites dans une édition antérieure serait facilement confondu devant une chambre d'accusation spécialisée dans le plagiat ou la contrefaçon. Un calcul bien fait aurait dû générer des résultats exacts. Un calcul mal fait aurait pu générer des erreurs. On suppose que les sources d'erreur sont tellement disparates qu'il n'y a pas de raison à s'attendre à la même erreur (il s'agit en effet de fautes d'attention ou de lecture, non de fautes logiques). Par conséquent la présence des mêmes erreurs trahit le copiage pur et simple. Les profs font le même raisonnement pour châtier les copieurs naïfs, qui recopient à leur insu les erreurs parfois stupides.

Or le problème est justement de transposer ce raisonnement à l'examen des causes de formation des organismes biologiques. Dans le cas des tables de logarithme, il s'agit d'arbitrer entre deux hypothèses : le calcul a été fait par l'auteur ou recopié sur un autre auteur. Dans le cas des systèmes biologiques, il s'agit de déterminer si des forces physico-chimiques les ont produits d'elles-mêmes ou si un agent intelligent est intervenu. Dembski n'a pas tort de soutenir que dans certains cas, nous recourons à des estimations probabilistes pour mettre en évidence l'intervention d'un agent intelligent. Mais l'application de cette méthode à la biologie demeure problématique.

La « complexité spécifiée »

Sous le titre de « complexité spécifiée », Dembski va donc formuler cinq critères d'élimination du hasard. D'abord, la notion de complexité ne doit pas rester un vague sentiment d'admiration ou de surprise devant l'agencement des systèmes biologiques. Il doit recevoir une expression quantitative. Dembski reprend une comparaison cryptogrammatique qui lui est chère. C'est celle du chiffre d'une combinaison. L'idée est de suggérer une équivalence entre la probabilité d'ouvrir par hasard un cadenas à combinaison, et la complexité du mécanisme qui est en jeu. Ce faisant, Dembski opère un passage discutable de la complexité combinatoire à la réalisabilité physique. Certes, un cadenas à 50 chiffres est forcément une structure mécanique plus complexe qu'un simple verrou à deux positions. Mais rien ne nous assure que des dispositifs physiques simples offrent plus de combinaisons ou d'interactions possibles que des dispositifs complexes. L'atome d'Hydrogène et l'atome de Carbone sont plus simples que l'atome de Mercure (Hg) et pourtant les possibilités combinatoires des premiers sont bien plus riches que celles du second.

Le deuxième critère a déjà été évoqué : c'est la notion d'indépendance de l'événement par rapport à la distribution des zones d'exclusion du hasard. Ces zones doivent être délimitées avant l'événement : de cette façon « en ajoutant notre connaissance de cette distribution à l'hypothèse que cet événement se produira par hasard, la probabilité initiale de l'événement reste inchangée ». Autrement dit la détermination de la cible est indépendante de l'événement.

Le troisième ingrédient de la « complexité spécifiée » est celui des ressources probabilistes. Pour déterminer dans quelle mesure l'occurrence d'un événement peut être retirée au hasard pour être attribuée à un Dessein Intelligent, il faut pouvoir évaluer : ses « ressources réplicatives », c'est-à-dire le nombre M d'opportunités que l'événement a de se produire (le nombre de flèches décochées, le nombre de lancers d'un dé ou d'une pièce, etc.) ; ses « ressources spécificatrices », c'est-à-dire le nombre N de cibles au sujet desquelles on se demande si elles peuvent être atteintes fortuitement ; et enfin la probabilité p qu'une de ces cibles soit atteinte par hasard. En clair si je décoche beaucoup de flèches, qu'il y a beaucoup de cibles et que chaque flèche décochée a une bonne probabilité d'atteindre une quelconque des cibles, alors on pourra attribuer au hasard et non à une intention l'arrivée d'une flèche dans le mille. Si le produit MNp en revanche est faible : peu de flèches, peu de cibles, une faible chance d'atteindre la cible par hasard, alors une autre explication pourra et même devra selon Dembski entrer en lice (l'archer a visé avec précision).

La notion de complexité spécificatrice que développe Dembski, comme quatrième ingrédient de la « complexité spécifiée » ne fait que reprendre et illustrer le troisième ingrédient. Mais ce prolongement est crucial. En appliquant la notion de complexité spécifiée à un exemple précis de système biologique (le fameux flagelle bactérien), Dembski cherche à donner à ce système biologique une probabilité a priori.

Enfin, il s'agit de définir une limite universellle de probabilité, qui sera le total maximum d'événements spécifiés possibles au cours de toute l'histoire cosmique. Dembski fixe généreusement cette limite à 10^{150}. De fait, si au cours de l'histoire cosmique, tel est le nombre d'événements possibles, une probabilité inférieure à $1/10^{150}$ ne peut plus représenter un événement possible. Par rapport aux estimations usuelles, Dembski pratique une majoration pour ne pas être soupçonné d'éliminer le hasard à trop bon compte. Mais cette générosité est à double tranchant : elle laisse du temps au temps (donc beaucoup d'opportunités pour la formation aléatoire de molécules organiques). En revanche, en spécifiant étroitement les schémas de distribution d'événements permettant l'apparition de systèmes biologiques, Dembski favorise le remplacement de la nature par un dessein intelligent.

« Application à la biologie évolutionniste »

Au début de la section «Application à la biologie évolutionniste» (nous avons sauté les sections 4 et 5 consacrées à une discussion sur la fiabilité du critère d'élimination du hasard), Dembski met en demeure la biologie de prendre en compte l'*ID* : non seulement une intelligence pourrait produire programmer les mécanismes de l'évolution, mais son intervention est indispensable et irréductible… Il s'agit de mettre en évidence l'intervention d'une intelligence immatérielle au cœur des mécanismes et des structures biologiques !

A plusieurs reprises, Dembski critique les métaphores empruntées à l'ingénierie : mécanisme, sélection, etc. Tout mécanisme suppose un mécanicien, toute sélection, un sélectionneur. «Les seuls exemples bien attestés d'un assemblage qui fonctionne correctement, remarque-t-il, nous proviennent de l'ingénierie humaine». Il est vrai que Darwin lui-même a conçu la sélection naturelle par analogie avec la sélection artificielle agronomique ou animale (c'est le premier chapitre de *L'Origine des espèces* : «De la variation des espèces à l'état domestique»). Mais peut-on en conclure que la sélection naturelle n'est qu'un cas de sélection artificielle ?

Se couvrant de l'autorité d'un biologiste de Harvard, Dembski décrit le fameux flagelle bactérien avec un vocabulaire emprunté au monde de la production technologique : «un propulseur motorisé par nano-ingénierie, tournant à 10 000 tours minutes, changeant de direction en un quart de tour». Mais cette présentation pédagogique si suggestive ne nous autorise pas pour autant à décréter que la formation de ce flagelle implique un concepteur intelligent et ne saurait être expliquée par des mécanismes naturels. Par ailleurs, Dembski met le naturaliste au défi d'expliquer comment « la sélection naturelle », alors qu'elle « ne connaît absolument rien aux flagelles bactériens [...] fera pour prélever des segments de protéines existantes et les assembler pour former un flagelle » ? Il nous semble qu'ainsi posée, la question est biaisée : l'hypothèse naturaliste n'est pas que « la sélection naturelle » prélève ou sélectionne quoi que ce soit *pour* former tel système biologique (alors qu'elle n'en a pas la moindre idée), puisque précisément la sélection naturelle n'est pas un agent intelligent, mais un ensemble de processus et de conditions. Un autre défi, selon Dembski, est d'expliquer l'apparition du flagelle bactérien alors même que celui-ci ne résulte pas du simple réarrangement aléatoire de structures pré-existantes qui se verraient réaffectées à une nouvelle fonction. C'est en effet un défi à relever. Mais d'une part, il n'est pas dit que les structures qui ont précédé le flagelle bactérien n'aient pas rempli une fonction qui leur permettait d'être sélectionnées. D'autre part l'ampleur du défi n'a rien de décourageant : de toutes façons, de quelles autres ressources explicatives le biologiste dispose-t-il ?

La stratégie de Dembski vise, au contraire, à introduire dans l'explication biologique la notion d'intelligence conceptrice. Une nouvelle comparaison est mobilisée : un simple piège à souris, qui pourtant ne résulte que de l'assemblage de cinq parties, ne peut être expliqué par la sélection naturelle. Or le flagelle bactérien le plus rudimentaire nécessité au moins quarante protéines pour l'assemblage de sa structure. Donc, a fortiori, l'assemblage du flagelle bactérien réclame l'intervention d'une intelligence conceptrice. C'est évidemment aller très vite en besogne. Les railleries des partisans de l'*ID* (« scénario grotesque ! totalement improbable ! spéculation purement gratuite ! ») à l'encontre des défenseurs de la sélection naturelle ne changent rien au problème. Il est clair que tout le monde admet que les pièges à souris sont largement le fruit d'une conception intelligente. La question est de savoir si les flagelles bactériens le sont aussi, et le fait que ceux-ci, d'ailleurs à une toute autre échelle, apparaissent pour le moins aussi compliqués que celui-là ne permet pas de conclure à l'intervention indispensable d'un concepteur intelligent. Au lieu de parler en termes de défi a priori insurmontable, il est préférable de parler de programme de recherches : la biologie évolutionniste cherche par quelle série de mutations aléatoires ou obéissant à des lois biologiques connues on peut expliquer la formation du flagelle bactérien, ou de l'œil des vertébrés.

Comme le remarque Dembski, l'inférence à l'intelligence conceptrice procède par inductions éliminatrices. Comme toute induction, elle est faillible. « Si le biologiste évolutionniste est capable de découvrir ou de proposer (*construct*) des séquences darwiniennes indirectes, détaillées, testables qui rendent compte de système biologiques complexes tels que le flagelle bactérien, alors la thèse de l'Intelligence conceptrice s'effondre. En revanche, la biologie évolutionniste s'arrange pour rendre impossible le succès de l'Intelligence Conceptrice. D'après la biologie évolutionniste, la théorie de l'intelligence conceptrice ne peut s'imposer que d'une seule façon, à savoir en montrant qu'aucun mécanisme matériel n'aurait pu conduire l'évolution de structures biologiques à spécification complexe. En d'autres termes, tant qu'un mécanisme inconnu aurait pu produire l'évolution de cette structure, l'intelligence conceptrice est proscrite.

La théorie évolutionniste est de cette manière immunisée a priori contre toute réfutation, puisque l'univers des mécanismes matériels inconnus est inépuisable » (p. 329) De fait, le partisan d'une explication strictement biologique peut toujours alléguer que l'attribution d'une probabilité à un mécanisme biologique connu n'est pas toujours possible, surtout si le mécanisme en question se met à fonctionner d'une manière jusque là inconnue. En outre Dembski remarque qu'attribuer la formation d'une machine aussi complexe que le flagelle bactérien à une succession d'étapes infimes n'est envisageable que si « (1) la probabilité de chaque étape peut être évaluée quantitativement (2) cette probabilité de chaque étape se montre suffisamment élevée (3) chaque étape constitue un avantage pour le système en évolution » (p. 326). Dembski déplore donc que la partie soit inégale : la charge de la preuve serait écrasante pour la théorie de l'intelligence conceptrice, alors que la biologie évolutionniste pourrait toujours s'abriter derrière des mécanismes matériels inconnus ou insuffisamment connus… De fait, l'attitude du biologiste évolutionniste est de dire : Attendez, on n'a pas tout essayé : il doit bien y avoir un mécanisme totalement matériel qui a permis l'apparition du flagelle bactérien. Dembski affirme que les évolutionnistes s'abritent derrière la conjecture de séries évolutives indirectes, passant par des stades intermédiaires rendant méconnaissable la structure et l'avantage sélectif du système en évolution. C'est une question de fait de savoir si oui ou non la biologie évolutionniste est en mesure de reconstituer la série complète des stades conduisant mécaniquement à l'apparition du flagelle bactérien. Pourtant, même si ce n'était pas le cas, le fait que ce mécanisme reste inconnu à ce jour ne permet pas de conclure à l'intervention d'une Intelligence conceptrice. Le biologiste n'en doit pas moins continuer de faire son métier ; il ne doit et ne peut faire intervenir, pour expliquer l'apparition du flagelle bactérien, que des propriétés physico-chimiques connues, que des structures et des lois biologiques. Ce n'est pas son métier de faire intervenir une Intelligence conceptrice, quand bien même il aurait le sentiment d'avoir épuisé toutes les voies d'explication mécaniste. Passer à un autre type d'explication, c'est changer de casquette.

Prenons une comparaison : pendant des millénaires, la foudre n'a pas reçu d'explication en termes de processus physique. Il paraissait assez naturel d'y voir l'intervention directe, dans le cours de la nature, d'une puissance surnaturelle (Jupiter lançant des traits forgés par Vulcain). Pourtant, Benjamin Franklin a eu raison de chercher du côté de mécanismes matériels encore inconnus (le frottement des masses d'air de température différente produisant une ionisation des molécules donc une différence de potentiel électrique avec la terre dont la décharge produit un éclair…) au lieu de passer à l'hypothèse d'une intervention surnaturelle. Remarquons au passage que la persévérance dans l'explication naturaliste exclut bel et bien l'hypothèse surnaturelle en physique météorologique, mais ne l'exclut pas forcément sur un autre plan. Si l'existence des molécules d'air et les lois de l'électromagnétisme dépendaient d'un être transcendant la nature, alors on pourrait maintenir que c'est cet être (appelons le Jupiter) qui, au moyen de causes secondes que sont le frottement des masses d'air, l'ionisation des molécules, la différence de potentiel électrique, est ultimement la cause de la foudre. Mais à ce moment là, on ne fait plus de météorologie physique, mais de la mythologie (si Jupiter est une fiction) ou de la métaphysique (si on a de bonnes raisons d'affirmer que Jupiter existe).

Un forcing méthodologique

Dembski recourt en somme à un raisonnement classique pour éliminer le hasard. Ce raisonnement rappelle la question de la *Logique de Port Royal* (IVe part., chap. xv) jugeant absurde de parier « qu'un enfant arrangeant au hasard des lettres d'une imprimerie compose tout d'un coup les vingt premiers vers de l'Eneide de Virgile ». Certes il n'est pas raisonnable d'attribuer au hasard l'impression d'un texte ainsi spécifié. Il est déjà plus raisonnable de parier que le même enfant combinant au hasard ces lettres d'imprimerie (ou de scrabble) composera au moins un mot de deux lettres (« et », « ou », « je », « tu », …). Quant à composer une phrase ponctuée, respectant les espaces isolant les mots, c'est une autre affaire. On admettra néanmoins qu'un dactylographe analphabète (mais persévérant), placé devant un clavier de 50 touches, et disposant d'un temps infini, « finira » par produire n'importe quel texte demandé. Les délais sont évidemment très longs : le défenseur de l'*ID* ou de l'*IC* aura beau jeu de remarquer que le temps nécessaire à l'obtention d'un texte au contenu suffisamment consistant explose les délais du temps cosmique. Toute une littérature populaire met en scène des armées de singes dactylographes incapables de produire ne fût-ce qu'un vers du Hamlet de Shakespeare. Mais le biologiste est fondé à raisonner autrement : « Puisque ce flagelle bactérien existe, c'est bien qu'il a été produit. Comment ? Pour ma part, je m'intéresserai, par méthode, à sa production en termes de conditions physiques et de lois d'interaction chimiques et biologiques. Tout le reste est métaphysique… » Dembski affirme que les systèmes biologiques peuvent être modélisés en termes « d'information sémantique extra-matérielle » ou au moins en termes « d'information fonctionnelle ». Si, en vidant un sac comprenant des lettres de Scrabble, j'obtiens les vingt premiers vers de l'Enéide, ou ne fût-ce qu'un vers d'Hamlet, ma surprise sera évidemment grande. Mais si je me propose d'expliquer ce phénomène rare (mais pas plus rare, il faut le rappeler, que n'importe quelle distribution précise du même nombre de lettres) alors je devrai préciser en quels termes j'envisage cette explication. Je peux me placer sur le terrain de l'explication physique : la position initiale des lettres dans le sac, leur

COMMENTAIRE   101

trajectoire de chute, etc. Car enfin, le résultat étant ce qu'il est, il a bien fallu que chacune des lettres arrive à sa place à partir d'une place antérieurement occupée.

On peut bien sûr évoquer l'intervention d'une main invisible qui déplace à dessein les lettres : mais à quel moment intervient-elle ? Alors que les lettres sont dans le sac, ou au cours de leur chute ? Au moment de trouver leur singulier alignement final ? L'hypothèse d'une intelligence organisatrice a beau être séduisante, elle se heurte à un problème de reconstitution du processus. Bien sûr, la piste d'un trucage astucieux (par exemple un système de puces magnétiques directionnelles très puissantes mais à connexions parfaitement diversifiées produisant un agencement spécifié des lettres du Scrabble) se trouverait avantagée. Auquel cas, l'intervention de l'intelligence conceptrice se situerait en amont. Les lettres du Scrabble auraient en elles-mêmes des dispositions préférentielles à être séquencées de telle ou telle manière. C'est ce que Dembski exclut formellement. Mais de quel droit ? S'il est vrai que dans un jeu de Scrabble normal, les pavés ne sont pas équipés d'électroaimants sélectifs favorisant telle ou telle séquence de lettres, le biologiste lui, ne peut et ne doit expliquer l'arrangement des molécules et des chaînes composant les acides aminés que sur la base des propriétés structurelles ou éventuellement émergentes de leurs composants. Quel que soit le rôle joué par une hypothétique cause première, le biologiste, et tout chercheur sérieux en sciences de la nature, doit en rester aux causes secondes (aux processus matériels faisant intervenir des entités physiques ou biologiques avec leurs propriétés spécifiques). De cette façon, l'hypothèse de l'*ID* est cantonnée la métaphysique, alors que l'ambition de Dembski est de l'introduire à l'intérieur de l'explication scientifique.

Dembski insinue que «si on peut montrer que les mécanismes matériels connus sont incapables d'expliquer un phénomène, la question est ouverte de savoir si aucun mécanisme d'aucune sorte en est capable» (p. 322-323). C'est en effet une question ouverte, mais la réponse appartient à l'histoire des sciences. Dans son *Histoire naturelle* (VII, 1), Pline affirme sagement : «Que de choses sont jugées impossibles, jusqu'au jour où elles sont réalisées». Newton, de son côté, recommandait de s'en tenir aux phénomènes et aux lois mathématiques permettant d'exprimer leur évolution. «En effet, tous ce qui n'est pas déduit des phénomènes doit être appelé hypothèse et les hypothèses, qu'elles soient métaphysiques, physiques, se rapportant aux qualités occultes ou mécaniques, n'ont pas de place en *philosophie expérimentale*»[1].

Néanmoins, pourrait-on objecter, le même Newton écrit : «Tous ces mouvements réguliers n'ont pas pour origine des causes mécaniques. Cet arrangement aussi extraordinaire du Soleil, des planètes et des comètes n'a pu avoir pour source que le dessein et la seigneurie d'un être intelligent et puissant». Pourtant, le fait que Newton soit tenté d'enfreindre ses propres recommandations ne prouve pas qu'elles sont caduques. C'est plutôt la preuve de son impatience métaphysique. D'ailleurs, Newton reconnait lui-même à la fin des *Principia* que «les expériences qui doivent faire connaître et déterminer avec exactitude les lois des actions de cet esprit ne sont pas encore en nombre suffisant». Telle est bien la limite des sciences expérimentales et observationnelles.

Le tort de W. Dembski est donc de mêler l'enquête scientifique avec l'interrogation métaphysique. On peut avoir

---

1. Scholie général des *Principia*, 2ᵉ éd., 1713.

de bonnes raisons métaphysiques de postuler l'existence d'un agent surnaturel pour s'expliquer l'existence d'un univers doté de lois stables, dont les conditions initiales permettent le développement d'organismes intelligents capables d'exercer des compétences techniques et morales particulièrement développées. Mais ces raisons, si bonnes soient-elles, ne constituent pas des explications correctes en biologie. Elles introduisent un corps étranger, parce que surnaturel, dans la méthodologie des sciences de la nature. Cette erreur de méthode est bien plus fondamentale que les sollicitations plus ou moins convaincantes (et sujettes à discussion) portant sur l'évaluation des probabilités de l'apparition d'organismes complexes. L'hypothèse de *Intelligent Design* n'est cohérente que si elle repose sur l'existence d'un *Designer*, or ce *Designer* est une entité métaphysique qui n'est pas à sa place en biologie ni en cosmologie.

TEXTE 2

Résolution 1580 (2007) de l'Assemblée Parlementaire
du Conseil de l'Europe
« Dangers du créationnisme dans l'éducation »[1]

1. L'objectif de la présente résolution n'est pas de mettre en doute ou de combattre une croyance – le droit à la liberté de croyance ne le permet pas. Le but est de mettre en garde contre certaines tendances à vouloir faire passer une croyance comme science. Il faut séparer la croyance de la science. Il ne s'agit pas d'antagonisme. Science et croyance doivent pouvoir coexister. Il ne s'agit pas d'opposer la croyance à la science, mais il faut empêcher que la croyance ne s'oppose à la science.

2. Pour certains, la création, reposant sur une conviction religieuse, donne un sens à la vie. Toutefois l'Assemblée parlementaire s'inquiète de l'influence néfaste que pourrait avoir la diffusion de thèses créationnistes au sein de nos systèmes éducatifs et de ses conséquences sur nos démocraties. Le créationnisme, si l'on n'y prend garde, peut être une menace pour les

1. *Discussion par l'Assemblée*, le 4 octobre 2007 (35e séance) (rapporteur : Mme Brasseur). *Texte adopté par l'Assemblée* le 4 octobre 2007 (35e séance). Lien internet :
http://assembly.coe.int/mainf.asp?Link=/documents/adoptedtext/ta07/fres1580.htm#1

droits de l'homme qui sont au cœur des préoccupations du Conseil de l'Europe.

3. Le créationnisme, né de la négation de l'évolution des espèces par la sélection naturelle, est longtemps demeuré un phénomène presque exclusivement américain. Aujourd'hui, les thèses créationnistes tendent à s'implanter en Europe et leur diffusion touche un nombre non négligeable d'États membres du Conseil de l'Europe.

4. La cible principale des créationnistes contemporains, le plus souvent d'obédience chrétienne ou musulmane, est l'enseignement. Les créationnistes se battent pour que leurs thèses figurent dans les programmes scolaires scientifiques. Or, le créationnisme ne peut prétendre être une discipline scientifique.

5. Les créationnistes remettent en cause le caractère scientifique de certaines connaissances et présentent la théorie de l'évolution comme une interprétation parmi d'autres. Ils accusent les scientifiques de ne pas fournir de preuves suffisantes pour valider le caractère scientifique de la théorie de l'évolution. *A contrario*, les créationnistes défendent la scientificité de leurs propos. Tout cela ne résiste pas à une analyse objective.

6. Nous sommes en présence d'une montée en puissance de modes de pensée qui remettent en question les connaissances établies sur la nature, l'évolution, nos origines, notre place dans l'univers.

7. Le risque est grand que ne s'introduise dans l'esprit de nos enfants une grave confusion entre ce qui relève des convictions, des croyances, des idéaux de tout type et ce qui relève de la science. Une attitude du type « tout se vaut » peut sembler sympathique et tolérante, mais en réalité elle est dangereuse.

8. Le créationnisme présente de multiples facettes contra-dictoires. L'«*intelligent design*» (dessein intelligent), dernière version plus nuancée du créationnisme, ne nie pas une certaine évolution. Cependant l'*intelligent design*, présenté de manière plus subtile, voudrait faire passer son approche comme scientifique, et c'est là que réside le danger.

9. L'Assemblée a constamment affirmé que la science était d'une importance capitale. La science a permis une amélio-ration considérable des conditions de vie et de travail, et est un facteur non négligeable de développement économique, technologique et social. La théorie de l'évolution n'a rien d'une révélation, elle s'est construite à partir des faits.

10. Le créationnisme prétend à la rigueur scientifique. En réalité, les méthodes utilisées par les créationnistes sont de trois types : des affirmations purement dogmatiques ; l'utilisation déformée de citations scientifiques, illustrées parfois par de somptueuses photos ; et le recours à la caution de scientifiques plus ou moins célèbres dont la plupart ne sont pas spécialistes de ces questions. Par cette démarche, les créationnistes entendent séduire et distiller le doute et la perplexité dans les esprits des non-spécialistes.

11. L'évolution ne se réduit pas à la seule évolution de l'homme et des populations. Sa négation pourrait avoir de graves conséquences pour le développement de nos sociétés. Le progrès de la recherche médicale, visant à lutter efficace-ment contre le développement de maladies infectieuses telles que le sida, est impossible si l'on nie tout principe d'évolution. On ne peut pas avoir pleinement conscience des risques qu'impliquent le recul significatif de la biodiversité et le changement climatique si l'on ne comprend pas les mécanismes de l'évolution.

12. Notre modernité s'appuie sur une longue histoire, dans laquelle le développement des sciences et des techniques tient

une large part. Cependant, la démarche scientifique reste encore mal comprise, ce qui risque de profiter au développement de toutes formes d'intégrismes et d'extrémismes. Le refus de toute science constitue certainement l'une des menaces les plus redoutables pour les droits de l'homme et du citoyen.

13. Le combat mené contre la théorie de l'évolution et ses défenseurs émane le plus souvent d'extrémismes religieux proches de mouvements politiques d'extrême droite. Les mouvements créationnistes possèdent un réel pouvoir politique. De fait, et cela a été dénoncé à plusieurs reprises, certains tenants du créationnisme strict souhaitent remplacer la démocratie par la théocratie.

14. Tous les grands représentants des principales religions monothéistes ont adopté une attitude beaucoup plus modérée, à l'instar du pape Benoît XVI qui, comme son prédécesseur le pape Jean-Paul II, salue aujourd'hui le rôle des sciences dans l'évolution de l'humanité et reconnaît que la théorie de l'évolution est « plus qu'une hypothèse »[1].

15. L'enseignement de l'ensemble des phénomènes concernant l'évolution en tant que théorie scientifique fondamentale est donc essentiel pour l'avenir de nos sociétés et de nos démocraties. A ce titre, il doit occuper une place centrale dans les programmes d'enseignement, et notamment des programmes scientifiques, aussi longtemps qu'il résiste, comme toute autre théorie, à une critique scientifique rigoureuse. Du médecin qui, par l'abus de prescription d'antibiotiques, favorise l'apparition de bactéries résistantes, à l'agriculteur qui utilise inconsidérément des pesticides entraînant ainsi la

---

1. Il s'agit d'une déclaration devant l'Académie Pontificale des Sciences du 22 octobre 1996.

mutation d'insectes sur lesquels les produits utilisés n'ont plus d'effet, l'évolution est partout présente.

16. L'importance de l'enseignement du fait culturel et religieux a déjà été soulignée par le Conseil de l'Europe. Les thèses créationnistes, comme toute approche théologique, pourraient éventuellement – dans le respect de la liberté d'expression et des croyances de chacun – être intégrées à l'enseignement du fait culturel et religieux, mais elles ne peuvent prétendre au respect scientifique.

17. La science est une irremplaçable école de rigueur intellectuelle. Elle ne prétend pas expliquer le «pourquoi des choses» mais cherche à comprendre le «comment».

18. L'étude approfondie de l'influence grandissante des créationnistes montre que les discussions entre créationnisme et évolution vont bien au-delà du débat intellectuel. Si nous n'y prenons garde, les valeurs qui sont l'essence même du Conseil de l'Europe risquent d'être directement menacées par les intégristes du créationnisme. Il est du rôle des parlementaires du Conseil de l'Europe de réagir avant qu'il ne soit trop tard.

19. En conséquence, l'Assemblée parlementaire encourage les États membres et en particulier leurs instances éducatives :

19.1. à défendre et à promouvoir le savoir scientifique ;

19.2. à renforcer l'enseignement des fondements de la science, de son histoire, de son épistémologie et de ses méthodes, aux côtés de l'enseignement des connaissances scientifiques objectives ;

19.3. à rendre la science plus compréhensible, plus attractive et plus proche des réalités du monde contemporain ;

19.4. à s'opposer fermement à l'enseignement du création- nisme en tant que discipline scientifique au même titre que la théorie de l'évolution, et, en général, à ce que des thèses créa- tionnistes soient présentées dans le cadre de toute discipline autre que celle de la religion ;

19.5. à promouvoir l'enseignement de l'évolution en tant que théorie scientifique fondamentale dans les programmes généraux d'enseignement.

20. L'Assemblée se félicite de ce que 27 académies des sciences d'États membres du Conseil de l'Europe aient signé, en juin 2006, une déclaration portant sur l'enseignement de l'évolution et appelle les académies des sciences qui ne l'ont pas encore fait à signer cette déclaration.

COMMENTAIRE

Un précédent intéressant

Le texte adopté par le conseil de l'Europe a été précédé, entre autres, en janvier 2005, par un Appel à la vigilance « contre le néocréationnisme et les intrusions spiritualistes en sciences »[1]. Il s'agissait de faire face « au renouveau des pseudo-sciences, […] à de nouvelles formes de créationnisme, […] aux velléités annexionnistes des religions vis-à-vis des sciences, […] aux atteintes, dans les sciences et dans l'enseignement, à la loi de 1905 (France) et au 1er amendement (États-Unis) ». Ce texte commençait par signaler « un retour en force du créationnisme sous des formes moins naïves et donc moins facilement repérables qu'autrefois. » De fait, le vocabulaire et les intentions des promoteurs du créationnisme se distingue en effet de la naïveté des créationnistes du XIXe siècle. L'Appel à la vigilance caractérisait ensuite la démarche de ce néocréationnisme : « Il s'agit du dessein intelligent (*Intelligent Design* ou *ID*), une thèse métaphysique stipulant que la complexité du monde ne peut résulter des seuls mécanismes naturels. Par

---

1. Publié dans le n°hors-série du *Nouvel Observateur* de décembre 2005-janvier 2006.

conséquent, il doit exister une force surnaturelle qui organise le monde, à savoir un dieu. »

Ici, une remarque s'impose. Pourquoi le raisonnement imputé au néocréationnisme est-il vicié ? Si d'une part, il était assuré que : 1) la complexité du monde ne peut résulter des seuls mécanismes naturels ; que, par ailleurs : 2) la complexité du monde doit avoir une explication : alors il serait en effet logique de conclure : 3) il existe une force surnaturelle qui organise le monde. Ce n'est donc pas la forme de l'argumentation qui est ici viciée. C'est plutôt la prémisse (1) qui se révèle, comme le dit justement le texte, être une stipulation métaphysique. Affirmer tout de go que la complexité du monde ne peut résulter de mécanismes naturels, c'est sous couvert de scrupules, introduire subrepticement et précipitamment le surnaturel dans les sciences de la nature. En effet, pour affirmer (1), il faudrait être en mesure d'affirmer que l'ensemble des mécanismes naturels est intégralement connu, et que toutes les mises en jeu de toutes les conditions initiales et de toutes les lois seraient par essence incapables d'expliquer la complexité. Ce qui reviendrait à affirmer d'emblée le déroulement surnaturel de l'histoire naturelle. Ainsi s'opérerait « le retour insidieux du divin dans le travail des sciences dont la démarche ne peut en aucune manière se satisfaire d'une telle intrusion » : c'est la conclusion claire et justifiée de ce texte, qui dénonce au passage la puissance financière des lobbies industriels et politiques favorables à l'enseignement de l'*ID* (sujet qui relève de l'enquête publique et plus de l'épistémologie). L'histoire des sciences est pleine de confrontations à des données réputées, selon l'expression de Newton « inexplicables par des raisons mécaniques » (la foudre, la gravitation, l'égalité de la masse inerte et de la masse pesante, le rayonnement discontinu du corps noir, etc.) qui ont fini par trouver un commencement d'explication en termes physiques. On ne peut donc pas conclure de l'inexpliqué (temporaire ou même définitif) à l'inexplicable, et on ne pourrait conclure de l'inexplicable naturellement à l'explicable surnaturellement que si l'on était en mesure d'indiquer comment fonctionne l'explication surnaturelle, ce qui à tout le moins nous fait changer de discipline.

Ce changement subreptice de discipline est illustré par les propos de Jean Staune : « l'univers où nous vivons est très particulier : parmi tous les univers possibles, c'est le seul où la vie puisse se développer [...] si tout semble être comme si l'univers avait été réglé pour que nous y apparaissions, il est difficile de refuser un statut scientifique à l'hypothèse qu'il a réellement été réglé pour que la vie puisse y apparaître »[1]. Passons sur l'affirmation selon laquelle l'univers est le seul où la vie puisse se développer. Ces spéculations sur les possibilités a priori sont, nous l'avons vu, aussi captivantes qu'incertaines. Le vrai problème réside ailleurs. L'affirmation que « tout semble être comme si l'univers avait été réglé pour que nous y apparaissions » permet, si elle est avérée, d'envisager l'hypothèse d'un réglage. Mais un réglage sans régleur, c'est une métaphore... Il faut donc préciser de quelle nature de quelle nature est cette hypothèse d'un réglage. Quelle entité fait-elle intervenir ? Si ce régleur n'est pas une entité ou un complexe d'entités physiques, on a quitté le domaine des sciences de la nature. C'est clairement une hypothèse métaphysique qui excède les ressources des sciences de la nature. On a donc changé de discipline. Que la métaphysique soit susceptible d'une véritable rigueur, on veut bien l'espérer. Mais que les conditions de vérité des énoncés métaphysiques soient les

---

1. « Que faut-il dire aux hommes ? » texte de 1996 repris sur le site de l'Université Interdisciplinaire de Paris, par exemple : http://www.staune.fr/-Ecrits-philosophiques.

mêmes que les conditions de vérité des énoncés scientifiques, c'est douteux. L'interdisciplinarité est une bonne chose, à condition que le franchissement des lignes interdisciplinaires et le changement de statut des énoncés qui en résulte soit signalisé et assumé.

Coexistence pacitique ou influence néfaste ?

On va maintenant commenter brièvement les déclarations de la résolution du Conseil de l'Europe.

Le premier article plaide en faveur d'une coexistence pacifique entre croyance et science, et met en garde les croyances usurpant l'autorité de science. L'affirmation selon laquelle « il faut empêcher que la croyance ne s'oppose à la science » est recevable, mais elle présuppose que par science on entend un ensemble de propositions dont la valeur de vérité est indestructible, ce qui est évidemment exorbitant. Un autre problème est celui de l'unité des termes : il n'y a pas LA science ou UNE science (à laquelle se réduiraient toutes les autres), mais DES sciences humaines, DES sciences de la nature, DES sciences formelles. L'article 9 répètera que « LA science est d'une importance capitale ». Il importe au contraire de souligner le pluriel des sciences, non pour relativiser leur contribution, mais pour distinguer leurs objets, leurs méthodes, leur portée.

L'article 2 s'alarme à juste titre de « l'influence néfaste que pourrait avoir la diffusion de thèses créationnistes au sein de nos systèmes éducatifs et de ses conséquences sur nos démocraties ». En quoi consiste cette influence néfaste ? Nous l'avons vu : dans le fait d'afficher comme résultat scientifique contraignant ce qui est tout au plus une thèse métaphysique. C'est donc moins par son contenu que par sa méthode que le créationnisme s'avère dangereux. Quant à y voir « une menace pour les droits de l'homme », c'est cocasse dans la mesure où, historiquement, les droits de l'homme s'appuient sur un créationnisme métaphysique : « *All men are created equal and are endowed by their Creator of certain unalienable rights* » (Déclaration unanime des treize États unis d'Amérique réunis en Congrès le 4 juillet 1776 à Philadelphie). Plus généralement, l'horizon métaphysique du théisme offre un fondement assez solide à la doctrine des droits de l'homme. Si tous les hommes *doivent* leur existence à un Créateur, il est probable qu'ils ne peuvent disposer de la vie d'autrui à discrétion ni même à la majorité des voix, et qu'ils auront des devoirs imprescriptibles les uns envers les autres… En revanche, la doctrine des droits de l'homme n'est pas solidaire d'une théorie scientifique. Le Conseil de l'Europe semble lier directement la pratique scientifique avec le respect des droits de l'homme et du citoyen (article 12) : or il n'est pas certain que l'histoire comparée du développement scientifique et des crimes contre l'humanité étaye beaucoup cet optimisme. Si, comme le dit l'article 13, « certains tenants du créationnisme strict souhaitent remplacer le démocratie par la théocratie », on peut déplorer que parallèlement, certains tenants de l'évolutionnisme souhaitent remplacer l'accueil des plus faibles par un eugénisme radical. En clair, une métaphysique de l'être suprême est a priori plus humaniste qu'une métaphysique naturaliste qui définirait l'homme par sa seule performance biologique.

En défendant les acquis que sont « les connaissances bien établies sur la nature, l'évolution, nos origines, notre place dans l'univers », l'article 6 sort de la définition des strictes compétences scientifiques. En effet, la connaissance de « nos origines, notre place dans l'univers » risque fort de glisser vers « ce qui relève des convictions, des croyances, des idéaux de tout type », que l'article 7 entend pourtant bien distinguer de « la science ».

L'engagement scientifique du politique

Les articles 3 à 5, 8, 10 et 16 démasquent à juste titre la prétention du créationnisme à passer pour une discipline scientifique et les articles 11 et 15 soulignent les conséquences funestes qu'aurait, par exemple en épidémiologie, un abandon du « principe d'évolution ». Pourtant, l'attachement du Conseil de l'Europe à la théorie de l'évolution paraît plus dogmatique que critique. L'article 19.5 encourage les États membres : « à promouvoir l'enseignement de l'évolution en tant que théorie scientifique fondamentale dans les programmes généraux d'enseignement ». Imagine-t-on le Conseil de l'Europe s'engager en faveur de la Relativité Générale ou de la Théorie Quantique ? Sommes-nous revenus à l'époque où le législateur (politique ou ecclésiastique) autorise ou définit une doctrine scientifique officielle ? Il est d'ailleurs cocasse de voir ce même Conseil se réclamer de l'autorité de Jean-Paul II et Benoît XVI pour accréditer l'idée que la théorie de l'évolution « est plus qu'une hypothèse » ! Certes, la théorie de l'évolution est aujourd'hui le paradigme incontournable des sciences biologiques. Certes, c'est la thèse soutenue tout au long de cet ouvrage, le créationnisme, dans la mesure où il repose sur une transgression méthodologique, n'a aucun titre à se présenter comme théorie rivale de l'évolutionnisme. Mais au lieu de s'engager sur des contenus scientifiques qui ne sont pas de son ressort, le Conseil de l'Europe ne serait-il pas mieux avisé d'encourager au simple respect de la rigueur méthodologique ?

C'est bien ce que fait l'article 17 (« La science est une irremplaçable école de rigueur intellectuelle »), mais il pourrait être lu dans le sens où la science a le monopole de la rigueur intellectuelle (sous-entendu : hors de la science, point de rigueur intellectuelle, mais délire métaphysique auquel on demande simplement de ne pas s'opposer à la science). Par ailleurs, on peut trouver superficiel le partage des compétences proposé entre le « pourquoi » métaphysico-religieux et le « comment » technico-scientifique. Les religions se demandent souvent *comment* l'homme peut être sauvé de l'égoïsme destructeur, de l'orgueil, de la jalousie, etc. et comment il doit se comporter vis-à-vis de la nature, des ses semblables, des animaux, etc. Et sans la recherche du *pourquoi*, beaucoup de découvertes scientifiques auraient été négligées. Bien sûr, aucune discipline scientifique sérieuse ne prétendra définir l'ultime « pourquoi des choses ». Mais si un tel « pourquoi des choses » était accessible à la connaissance humaine, il fournirait des normes de comportement supérieures aux connaissances scientifiques qui, autant qu'on sache, n'ont pas de valeur normative.

Le Conseil identifie la menace des « intégristes du créationnisme » comme une menace politique plus qu'intellectuelle (article 18). On quitte alors le domaine de la réflexion philosophique pour entrer sur le terrain de l'enquête juridico-administrative. Revenons aux indications générales. Le Conseil invite, « avant qu'il ne soit trop tard » : « à défendre et à promouvoir le savoir scientifique » (19.1) ; « à renforcer l'enseignement des fondements de la science, de son histoire, de son épistémologie et de ses méthodes, aux côtés de l'enseignement des connaissances scientifiques objectives » (19.2). Ces deux directions sont évidemment cruciales. Le savoir scientifique ne se réduit pas à des résultats technologiquement applicables. La délimitation méthodologique de ce savoir est un acte de responsabilité intellectuelle indispensable, et il faut remercier le Conseil de s'en aviser.

En revanche, l'encouragement « à rendre la science plus compréhensible, plus attractive et plus proche des réalités du monde contemporain » (19.3) est discutable. Il risque d'entraîner une dérive démagogique en mesurant la vérité

particulière à partir de sa discipline scientifique » (p. 69), que cette vision soit théiste ou athée. Le débat opposant la création surnaturelle au naturalisme intégral est assurément un débat philosophique (p. 30).

En revanche, est-il juste d'affirmer qu'une position philosophique relève exclusivement d'une posture individuelle, privée, subjective (p. 19, 60, 130, 144) et que seuls les savoirs scientifiques s'inscrivent dans un contexte de validation objective ? Rien n'est moins sûr. S'il est urgent de garantir l'autonomie méthodologique des sciences de la nature, c'est aller vite en besogne que de décréter l'interrogation métaphysique incapable de prétendre à la moindre vérité objective. Qu'une proposition ne soit pas testable scientifiquement ne signifie pas qu'elle est forcément dénuée d'objectivité. Assurément elle n'aura pas d'objectivité scientifique. Il est légitime de démasquer les entreprises de brouillage conceptuel et méthodologique entre science et métaphysique (p. 132) ; il n'est pas impératif de confiner toute position métaphysique dans le délire subjectif ou le fantasme privé ! La démarche scientifique mobilise – pourquoi s'en cacher ? – des présupposés métaphysiques : l'existence d'un monde d'objets dotés de propriétés structurelles relativement stables, entrant en relations identifiables au moyen de rapports mathématiques entre la mesure de variables pertinentes comme la masse, la position, la vitesse, la charge électrique, la pression, l'adoption d'un principe de clôture causale, etc. Lecointre lui-même justifie fort bien son réalisme de principe (p. 104-106), mais il s'agit bien d'une position métaphysique, d'ailleurs susceptible de validation collective.

L'universalisme dont se prévaut à juste titre Lecointre (p. 130) pour fonder l'autonomie de l'activité scientifique est lui aussi une position métaphysique : « la laïcité tacite des sciences, écrit-il, se fonde historiquement sur le même univer-salisme que celui qui fonde les droits de l'omme » (p. 130-131). Or la déclaration des droits de l'homme n'est pas un énoncé testable scientifiquement ; est-ce pour autant une idéologie privée, une lubie communautarienne, une posture subjective ? N'a-t-elle aucune légitimité objective ou collective ? Il serait dommage que l'autonomie des sciences de la nature scie la branche sur laquelle elle est assise[1]. Cette autonomie de la recherche scientifique, son indépendance à l'égard des lobbies idéologiques ou des intérêts politico-religieux n'est pas seule-ment un contrat, c'est une responsabilité qui découle d'un droit de tous à la vérité désintéressée. Le service public de la science en démocratie exige une totale impartialité du chercheur dans l'explicitation de ses méthodes comme dans la présentation de ses résultats. On peut hélas regretter le caractère trop fréquem-ment incantatoire ou arbitraire des discussions métaphysiques. Ce n'est pas une raison pour affirmer, sans autre forme de procès, que l'interrogation sur l'existence d'un Dieu créateur, parce qu'elle ne relève pas des sciences de la nature, n'est pas susceptible de justification rationnelle.

1. En outre, pour justifier rationnellement cet universalisme des droits et des devoirs humains, un Voltaire, un Jefferson, ou les Constituants de 1789 s'appuyaient précisément, on l'a vu, sur une métaphysique théiste ; sans accorder le moindre crédit aux confessions religieuses, ils fondaient le respect inconditionnel dû à chaque être humain sur leur universelle dépendance vis à vis d'un Être suprême créateur, laquelle n'enlève rien à l'autonomie de la recherche scientifique.

CONCLUSION

On ne voit pas du tout comment, de manière rigoureuse, on pourrait introduire dans l'histoire naturelle des espèces une intervention divine aiguillant la variabilité naturelle des espèces, orientant les mutations, etc. On peut toujours constater des lacunes paléontologiques concernant d'innombrables variétés intermédiaires, s'étonner tant qu'on voudra de la relative rapidité de certaines séquences évolutives, spéculer sur la probabilité d'une formation spontanée des premiers acides aminés, s'inquiéter du faible avantage adaptatif de telle forme transitoire d'un organe… On aura beau faire, il demeurera à jamais impossible de mettre en évidence *scientifiquement* l'action d'un agent surnaturel sur des données naturelles. Si Dieu est une entité surnaturelle, alors par définition il échappe à l'expérimentation scientifique ou à la modélisation des sciences de la nature. Impossible de faire intervenir son dessein *dans* l'étude de la nature.

En outre, l'appel à l'intervention de Dieu pour expliquer telle ou telle transformation physique séquence de l'évolution se révèle catastrophique pour le théisme lui-même. Le raisonnement causal par lequel le métaphysicien théiste pense pouvoir remonter du monde à sa cause première prend comme point de départ l'examen de chaînes causales physiques, et se demande s'il est concevable de les prolonger indéfiniment vers le passé, ou encore si, même ainsi prolongées, elles ne réclament pas une explication plus profonde (pourquoi y a-t-il des lois de la nature ?). Si, comme le veut Dembski, l'intervention de l'Intelligence conceptrice est démontrée, alors le doute peut s'installer : toutes les séries causales que nous avons prises pour des lois physiques sont peut-être des miracles. Mais alors il n'y a plus de lois, de causes naturelles, de probable et d'improbable. On tombe dans une forme d'occasionalisme. Comme le remarque justement Swinburne : « Non seulement l'occasionnalisme semble heurter de front une donnée manifeste de l'expérience – à savoir que les objets physiques (ou leurs états) sont souvent la cause d'événements ; mais il serait suicidaire (*self-defeating*), pour le théiste qui veut conclure de l'univers physique et de ses caractéristiques à Dieu, de nier que les objets physiques soient jamais causes d'événements. En effet notre compréhension de ce qui indique que tel objet cause tel événement est dérivée, par extrapolation, d'innombrables situations intra-mondaines où il nous semble que tel objet physique est la cause de tel événement. Mais si, en réalité, il n'y a pas, dans ces situations, une causalité de ce type, alors nos critères d'identification de la causalité nous mettent sur une fausse piste (*are misleading*), et il serait erroné de les utiliser pour conclure que Dieu est la cause de l'existence de l'univers ou de quoi que ce soit d'autre » [1].

C'est pourquoi Darwin avait parfaitement raison de vouloir « débarrasser la science de tout recours à la volonté divine ». « Que dirait l'Astronome, écrit Darwin en 1842, de la doctrine selon laquelle les planètes ne se meuvent pas selon les lois de la

---

1. R. Swinburne, *The Existence of God*, 2ᵉ éd., Oxford, Clarendon Press, 2004, p. 107-108.

gravitation, mais du fait que le Créateur a voulu que chaque planète prise séparément se meuve dans son orbite particulière ? (*What would the Astronomer say to the doctrine that the planets move not according to the laws of gravitation, but from the Creator having willed each separate planet to move in its particular orbit ?*) »[1]. Darwin dénonce une intrusion divine dans l'ordre de la nature, réglant le sort des planètes au cas par cas au lieu de les soumettre toutes ensemble à une même loi. Pour autant, la conformité des orbites planétaires aux lois de la gravitation et la volonté divine de produire un planétarium déterminé sont superposables : Dieu peut faire que les planètes se meuvent dans telles orbites et non telles autres en produisant une matière dotée de lois, placée dans des conditions initiales telles que l'évolution naturelle du système conduise à telle configuration orbitale… Mais alors on a, c'est vrai, quitté l'astronomie pour la métaphysique.

Dans son dernier ouvrage, Stephen Hawking en appelle au « jeu de la vie » pour éliminer tout recours à un *designer* de l'univers[2]. Ce « jeu de la vie » est en fait un programme imaginé par le mathématicien John Horton Conway, qui se déroule sur une grille à deux dimensions, théoriquement infinie, dont les cases – qu'on appelle des « cellules », par analogie avec les cellules vivantes – peuvent prendre deux états distincts : « vivantes » ou « mortes ». À chaque étape, l'évolution d'une cellule est mécaniquement déterminée par l'état de huit cellules voisines moyennant deux règles : 1) une cellule morte possédant exactement trois voisines vivantes devient vivante

1. *The foundations of The origin of species, a sketch written in 1842*, F. Darwin (éd.), Cambridge, University Press, 1909, p. 22.

2. S. Hawking, L. Mlodinow, *Y a-t-il un grand architecte dans l'Univers ?*, (*The Grand Design*, New York, Bantam Books, 2010, p. 172-179), Paris, Odile Jacob, 2011.

(elle naît) ; 2) une cellule vivante possédant deux ou trois voisines vivantes le reste, sinon elle meurt. Hawking fait remarquer qu'un tel automate cellulaire n'a quasiment besoin de rien pour générer des formes extraordinairement complexes, dont certaines atteignent une stabilité ou une récurrence ne nécessitant aucune intervention … Pourtant, la question reste entière : pourquoi existe-t-il un univers dont on peut modéliser telle ou telle structure au moyen d'un jeu aussi simple ? Comment se fait-il, qu'est-ce qui fait qu'il a des règles immuables de conservation et de transformation ? Pourquoi y a-t-il des régularités plutôt qu'un chaos indéchiffrable ? Questions métaphysiques…

L'impossibilité de recourir à l'hypothèse Dieu *en biologie, ou en astronomie, ou en cosmologie* n'autorise nullement à l'exclure comme hypothèse métaphysique. À condition, bien entendu, qu'on veuille prendre la peine de justifier rationnellement cette hypothèse. Que permet-elle d'expliquer ? En quoi est-elle satisfaisante ? Pourquoi postuler une entité étrange (comme Dieu), une opération pour laquelle nous n'avons pas d'équivalent (une création à partir de rien) ? L'affirmation métaphysique que le monde est créé par Dieu (c'est-à-dire que l'existence de ses constituants et des lois qui régissent leurs interactions dépend d'une cause absolument première appelée Dieu) n'est pas un énoncé scientifique. Ce qui ne veut pas dire que la création ne puisse être qu'un mythe ou un article de foi. De même, le fait que nous ne sachions pas comment des états mentaux (intention, volonté, désir) déclenchent des états cérébraux ne suffit pas à éliminer ces états mentaux, ni à décréter que tout s'explique par la neurophysiologie. Le fait que personne (à notre connaissance) n'ait rencontré l'âme au bout d'un scalpel ne nous autorise pas à en nier l'existence. Mais c'est à celui qui affirme (sur le plan métaphysique) l'existence de l'âme de donner ses raisons, sans s'abriter derrière le voile de l'irrationnel, ou de l'appartenance confessionnelle.

Darwin concluait l'*Origine des espèces* sur une remarque intéressante : l'évolution des espèces à partir d'un petit nombre de formes *n'exclut pas* que l'ensemble du processus naturel dépende d'une cause première (*The Origin of Species* (1859), Penguin Classics 1985, pp. 458-459). Évidemment, l'évolution des espèces *n'implique pas scientifiquement* l'existence d'un créateur de la matière et de ses lois. C'est une autre question, métaphysique. Maintenant, il ne suffit pas de distinguer le niveau de l'investigation scientifique et celui de l'enquête métaphysique pour les rendre compatibles. Tout dépend de la portée qu'on accorde à la théorie biologique, et la place qu'on reconnaît à la métaphysique théiste. Si l'univers ne doit son existence à rien, en tout cas pas à quelque Esprit Créateur ; si les processus qui gouvernent la formation des espèces vivantes sont, en fin de compte, parfaitement aléatoires ; si l'émergence d'esprits dotés de responsabilité, de sens moral, n'est qu'un accident parmi d'autres, alors Dieu ne sera, selon l'expression de Dawkins, qu'un horloger aveugle auquel il est absurde d'attribuer des intentions, ou un quelconque dessein intelligent.

Si en revanche l'humain ne se réduit pas à la biologie, et si l'évolution biologique, largement expliquée par la théorie darwinienne, réclame en outre une cause plus profonde, alors l'homme ne devra plus exclusivement son existence et ses propriétés (notamment mentales ou spirituelles) à un jeu de forces aveugles. Dans ce cas, la métaphysique théiste pourra avoir une certaine probabilité, et la croyance religieuse en un Dieu créateur dotant l'homme d'une âme, cessera d'être obligatoirement une infâme superstition. Elle ne sera pas démontrée scientifiquement pour autant. Exiger qu'elle soit enseignée sur le même plan et au même titre que la biologie évolutionniste est le plus sûr moyen de la discréditer.

On pourrait, de ce point de vue, parler d'une alliance objective du créationnisme avec la métaphysique matérialiste, ou d'une possible instrumentalisation de celui-ci par celle-là. Le promoteur d'une métaphysique matérialiste a intérêt à ce que la métaphysique théiste soit confondue avec une forme de créationnisme pseudo-scientifique, de sorte qu'on soit tenté de jeter le bébé théiste avec l'eau du bain créationniste... Le créationnisme sera métaphysique ou ne sera pas !

TABLE DES MATIÈRES

Imprimerie de la manutention à Mayenne (France) - Avril 2012 - N° 880559S

Dépot légal : 2ᵉ trimestre 2012